마음의
상처로

죽을 수도
있을까

심장외과의가 알려주는
심장의 모든 것

마음의 상처로 죽을 수도 있을까

니키 스탬프 지음
김소정 옮김

해나무

학자이자 신사였던

언제나 그리운 타올로 마실로니안 존스를 위하여

차례

심장에 관해 말할 수 있는 것

당신은 몸의 내부 작동 방식을 생각해본 적 있는가? 문득 하던 일을 멈추고 가슴으로 공기가 어떻게 들어오고 나가는지 상상해본 적 있는가? 어떻게 뇌가 근육에 명령해 걸을 수 있게 하는지 궁금하지 않은가? 잠에서 깬 상태로 누워 심장이 뛰는 소리를 들으며 빨리 뛰어야 하는 순간과 천천히 뛰어야 하는 순간을 심장이 어떻게 아는지 궁금해한 적은 없는가? 우리는 살아가면서 이런 의문을 떠올리지 않는다. 의문을 가질 이유가 별로 없기 때문이다.

우리 몸과 관련한 중요한 일들은 대부분 보이지 않는 곳에서 벌어진다. 당신은 당신의 심장에게 뛰라고, 혹은 폐에게 숨을 쉬라고 다그칠 필요가 없다. 장은 당신이 전달한 음식을 처리하고, 뇌는 당신이 걷고 싶을 때면 다리에게 걸으라고 신호를 보낸다. 우리는 몸에서 일어나는 이런 일들을 당연하게 여긴다. 중요한 것은 우리의 몸이 매우 놀랍다는 사실이다. 하지만 우리는 몸이 얼마나 환상적으로 작동하는지를 충분히 인지하지 못한다.

어렸을 때부터 나는 몸이 작동하는 방식에 매혹되었다. 어른이 되어 심장외과 전문의가 된 뒤에는 흉부에 천착했다. 민간 전승과 고대 의학에서 심장은 언제나 마법처럼 생명을 살아 있게 하는 정수로 그려지는데, 내가 생각하는 심장도 바로 그런 느낌이다. 이제부터 가슴에서 엄지손가락 길이만큼 안쪽에 있는 이 기관이 발휘하는 마술과 이 기관에 관한 지식을 나눌 것이다. 신나면 팔딱팔딱 뛰고 겁나면 쿵쾅쿵쾅 뛰는 심장에 관한 이야기를 당신과 나누고 싶다. 마음과 몸과 영혼을 다해 심장을 돌볼 수 있도록, 당신이 당신의 심장을 정말로 사랑하기를 바란다. 나는 직업상 거의 매일 심장을 볼 수 있기에 행운아라 생각한다. 내 소명은 당신이 심장에 매혹되어 그 무엇보다 심장을 소중하게 여기게 만드는 것이다. 나는 당신의 심장이 어떻게 뛰는지, 그 모든 맥박이 왜 중요한지를 이야기하려 한다.

간단히 말하자면, 심장은 펌프다. 펌프이자 수수께끼다. 심장이 그토록 단순할 수 있는 이유는 (곧 알게 될 테지만) 심장이 복잡하기 때문이다. 심장은 여러 부분이 한데 어우러져 아름답게 작동한다.

인류는 고작 60여 년 전에 심장 수술을 시작했다. 그전까지 심장을 열어 잘못된 부분을 고치고 다시 닫을 수 있을 만큼 심장에 관해 잘 알지 못했다. 1912년에 스티븐 패짓이라는 의사는 심장에 관한 지식과 기술이 이미 절정에 도달했다고 말했다. 그는 약을 처방하고 수술할 수 있는 다른 신체 기관과 달리 심장은 생명을 지탱하는 아주 중요한 기관이기 때문에, 내부 작동 원리를 이해하고 잘못된 곳을 고치겠다는 이유로 심장을 여는 일을 해서는 안 된다고 강조했다. 패짓의 생각은 옳지 않은 것으로 밝혀졌고, 현재 우리가 망가진 심장을 고치기 위해 하는 일들은 대단히 놀라운 수준이다.

기원전 400년부터 해부학자와 철학자는 심장이 정확히 무엇인가라는 주제를 놓고 논쟁했다. 아리스토텔레스는 심장은 혈액 순환의 중추로 생명 유지에 필수적인 기관이라 했는데, 그의 추론이 옳았다. 수세기 동안 수많은 천재가 심장의 물리적 측면과 영적 측면 모두를 이해하려고 노력했다.

이 책에서 나는 심장의 특징과 심장을 아름답고, 특별하고, 건강하게 만드는 모든 방법을 소개할 것이다. 우울증이 어떻게 심장을 병들게 하고, 밤에 푹 자는 것이 어떻게 심장을 건강하게 만드는지도 설명할 것이다. 의사로 살면서 만난 놀라운 심장의 소유자들을 이야기할 것이다.

하지만 심장 건강을 위해 매일 지켜야 하는 일들을 계획하는 법, 혹은 반드시 해야 할 일 목록을 제공하지는 않을 것이다. 나는 당신도 나처럼 심장에 매혹되기를 바란다. 당신도 나처럼 심장이 하는 일에 마음이 사로잡히기를 바란다. 확신하건대, 심장이 얼마나 놀라운 기관인지를 알게 되면 누가 뭐라고 하지 않아도 매일 심장을 보살피고 싶을 것이다.

당신의 심장은 당신의 것이다. 심장은 정말로 믿기 힘든 일을 해낸다. 심장은 가슴 안에서 고동치면서 혈액을 내보내 두려움을 느끼게 하고 당신이 뛸 수 있게 돕는다. 나는 근육이 공처럼 뭉쳐 있는 이 기관에 관한 이야기들을 들려주고, 육체적·정서적으로 이 아름다운 기관을 사랑하는 법을 알려주고 싶다. 무미건조한 계획서나 안내서의 형식이 아니라 생동감 넘치는 심장 이야기를 직접 보여주며 당신이 심장과 사랑에 빠지게 만들고 싶다. 아름다운 심장 박동 하나하나를 돌볼 수 있도록.

심장으로 가는 길

어렸을 때 나는 사람의 몸이 합쳐지는 방식에, 그 모든 톱니가 맞물려 장엄한 기계를 만들어내는 방식에 매혹되었다. 심장이 뛰는 이유, 폐가 숨을 쉬는 방법, 눈으로 주변 세상을 볼 수 있는 이유, 똥이 만들어지는 원리 등 내가 알아야 할 정보는 무궁무진했다. 오해는 마시라. 나도 또래 친구들만큼이나 '베이비시터 클럽' 시리즈도 많이 읽었으니까. 단지 내가 정말로 좋아했던 책은 몸에 관한 책이었다. 나는 해부학 책을 읽었고 심장과 눈, 뼈에 관한 책을 읽었다. 나는 응급 처치 방법을 잘 알았고, 언제든 응급 처치할 준비가 되어 있었다.

여섯 살인가 일곱 살 때, 사서 선생님이 어머니에게 전화해 내가 나이에 맞지 않는 책을 읽는다고 걱정했다. 선생님은 내 나이 때 아이들은 해부학이 아니라 이니드 브라이튼의 동화책을 읽어야 한다고 생각했다. 그 후 20년이라는 세월이 정말 빠른 속도로 흘렀지만,

몸에 대한 열정은 사라지지 않았고 이렇게 몸을 다루는 사람이 되었다. 이제는 책과 사진을 들여다보지 않고 심장과 폐를 돌보는 흉부외과 의사가 되어 눈으로 직접 심장을 본다. 망가진 심장을 고치는 사람이 되다니, 나는 정말로 믿을 수 없을 만큼 행운아다.

그렇다고 내가 오로지 심장만을 바라보며 살아온 것은 아니다. 사실 간절하게 뮤지컬 배우가 되고 싶었지만, 실용주의자이자 공학자인 아버지는 예술을 하기 전에 '진짜' 학위를 따는 게 좋겠다고 제안했다(사실은 강하게 주장하셨다). 그래서 회계학을 공부하기로 했다. 고등학교 졸업 시험을 앞두고 병이 나서 입원해 있는 동안, 대차대조표를 들여다보는 일은 나에게 전혀 어울리지 않으며 내가 원하는 다른 무언가가 분명히 있다는 사실을 깨달았다. 사람의 몸에 열중하는 의료진들을 환자의 시선으로 보면서, 그들의 업무와 실패를 보면서, 사람이 사람을 돌본다는 일이 어떤 의미인지를 깨닫는 동안 회계 업무는 직업 목록의 밑바닥으로 가라앉았다.

오직 배우가 될 생각밖에 없었고, 학문에 소질이 있다고 전혀 생각하지 않았으므로 선택할 수 있는 학과는 그리 많지 않았다. 아버지는 계속 쌓여가는 대학 입학 안내서와 학과 소개서를 옆으로 치워버리더니 아주 단순한 질문을 했다. "성적이나 과목은 생각하지 말고, 네가 이 세상에서 무슨 일이든 할 수 있는 능력이 된다면 뭘 하고 싶니?" 그때 나는 아버지도 나 자신도 깜짝 놀라게 할 대답을 했다. 조금도 주저하지 않고 '의학'이라고 한 것이다. 나의 뇌 한구석에는 어린 시절의 열정이 그대로 남아 있었다. 그때부터 나는 의학계에서 일하기 위해 노력했다. 쉬운 과정은 아니었지만 어쨌든

해냈고, 단 한 번도 다른 길로 가야겠다는 생각은 하지 않았다.

비록 깨닫지 못했어도 나는 언제나 외과 의사가 되고 싶었는지 모른다. 그 이유는 아버지가 언제나 무언가를 고치고 만드는 공학자였기 때문이라고 생각한다. 심지어 아버지는 요트까지 직접 만들었다. 그것도 거실에서 말이다. 공학자인 아버지, 극도로 섬세하게 많은 일을 살피고 언어 능력과 의사소통 능력이 뛰어난 어머니는 힘을 합쳐 나를 외과 의사로 만들었다. 나는 외과 의사가 한 생명에 실제적이고 즉각적으로, 분명하게 확인할 수 있는 변화를 만들어내는 방식을 사랑한다. 외과 의사는 종양을 제거하고 막힌 곳을 뚫는다. 메스와 능숙한 손놀림으로 모든 고통을 사라지게 한다.

그렇다고 내가 언제나 심장외과 전문의가 되고 싶었던 것은 아니다. 전문의가 되기 전에 의대 학생들은 자신이 어떤 분야에 적성이 있는지 알아보고, 다양한 분야의 기술을 익히기 위해 여러 의료 분과에서 근무한다. 나는 정형외과나 성형외과 의사가 되고 싶었다. 그것도 손을 전문으로 고치는 의사가 되고 싶었다. 내 어머니는 심각한 관절염을 앓고 있으며, 40세라는 이른 나이에 고관절 치환술을 받았다. 나는 의사가 되어 어머니를 치료하겠다고 결심했다. 정형외과 수련의들은 흉부외과 수련의들과 교대로 상대 병동에서 근무하는데, 나는 흉부외과에는 전혀 관심이 없었다. 하지만 심장을 보는 순간 첫눈에 사랑에 빠졌고, 이제까지 그 사랑에서 벗어나지 못하고 있다.

그 사랑은 갑작스러운 놀라움으로 찾아왔지만, 사실 나는 언제나 심장외과 전문의가 되고 싶었는지도 모르겠다. 부모님은 온 가족이 함께 살던 집에서 이사하기로 하고, 짐을 정리하면서 우리 남매가 어린 시절에 사용했던 물건들을 찾아냈다. 오빠가 처음으로 달리기 시합에서 1등을 하고 받은 리본, 내가 받은 달리기 시합 참가 기념 리본, 내가 3학년 때 쓴 일기장도 있었다. 그 일기를 쓴 기억이 나지 않지만 '장래 희망'이라는 제목이 적힌 일기에는 "나는 심장외과 의사가 되어 빅터 창 박사가 하던 일을 마무리할 것이다"라고 쓰여 있었다. 창 박사는 시드니에서 활동하던 심장 전문의로 오스트레일리아에서 가장 먼저 심장이식을 시행한 의사 중 한 명이다. 그는 오래 작동하는 인공심장을 만든다는 목표를 세우고 연구했지만, 그 목표를 달성하기 전인 1991년에 총에 맞아 숨졌다. 확실히 내 포부는 여덟 살 아이치고는 엄청나게 컸다.

나는 창 박사가 텔레비전에 나와 믿을 만한 인공심장을 만들어 심장 기증자가 부족한 문제를 해결할 것이라고 했던 모습을 기억한다. 또한 바이러스 때문에 심장이 약해진 뒤 두 번에 걸쳐 심장이식을 받았던 오스트레일리아 최연소 심장이식 환자인 피오나 쿠트도 기억한다. 다른 아이들은 발레리나나 경찰을 꿈꿨지만 나는 귀여운 댄서나 아름다운 공주보다 창 박사에게 매혹되고 말았다. 얄궂게도 오랜 시간이 지나면서 그런 기억들이 모두 사라졌는데도 어쨌거나 나는 심장외과 의사가 되는 길을 찾았다.

눈앞에서 심장을 볼 때면 숨이 막힐 것 같은 경이로움을 느낀다. 복장뼈를 갈라 견인기로 흉부를 양쪽에서 당기면, 그 밑에 있는 생명 유지 장치가 모습을 드러낸다. 우리가 흉강에 손을 집어넣을 때도 심장은 뛴다. 뛰는 심장에 손을 대고 심장이 수축할 때마다 온몸에 있는 중요 기관으로 혈액이 흘러가고 있음을 느끼는 순간은 정말로 마법 같다. 외과 의사들은 수술 진행 과정에서 때때로 심장을 멈추게 한다. 수술이 끝나고 모든 것이 정상으로 돌아오면 심장은 다시 자기 일을 시작한다. 심장은 우리가 무례하게 방해했을 때보다 훨씬 더 잘 해내기를 바라며 자기 역할로 돌아간다.

심장은 회복력이 뛰어나며, 이것이 내가 심장을 좋아하는 이유다. 하지만 심장은 연약하기도 하다. 심장은 저마다 어느 정도는 다르다. 테마는 같지만 약간의 변형이 있다.

내가 초기에 목격한 심장이식 환자 가운데 한 명은 심각한 선천성 심장병을 앓고 있었다. 그 환자가 앓고 있는 심장 질환은 아주 드문 질병이었다. 그녀가 받은 심장 및 폐 이식 수술도 의료진이 쉽게 하지 않는 수술이었다. 그녀의 텅 빈 가슴을 내려다보던 순간에 느꼈던 감정은 뭐라고 표현할 수 없다. 기증받은 기관이라는 놀라운 선물을 환자의 가슴에 이식하고, 기관들이 일하기 시작하는 모습을 보면 마법이나 과학소설을 보고 있는 것 같다. 그 이후로 12년이 흘렀지만, 그 마법은 나에게서 사라지지 않고 있다.

폐를 이식한 한 환자를 만났던 순간을 기억한다. 그가 수술을 받고 이틀 뒤에 집중치료실에 있을 때다. 기분이 어떤지 묻자 그 환자는 나를 보며 말했다. "숨 쉬는 게 이렇게 좋다는 걸 선생님은 모를 겁니다." 그 말을 듣는 순간 그 마법 같은 기관이 나를 유혹했고, 그때 느낀 감정을 그 어떤 것으로도 다시 경험할 수 없으리라 직감했다. 본질적으로 내가 내 일을 사랑하는 이유는 심장이 보여주는 아름다운 과학 때문이다. 또한 사람들이 가장 취약하고, 가장 큰 시련을 맞고, 바라건대 가장 큰 승리를 이룰 때 그들의 삶에 참여하는 엄청난 행운을 누릴 수 있기 때문이기도 하다.

나는 두 눈을 동그랗게 뜬 순진한 젊은 의사 시절을 지나 두 눈을 동그랗게 뜬 조금은 나이 많은 의사가 되었다. 견인기를 잡거나 심장과 심장을 수술하는 사람들을 조용히 관찰하는 위치에서 벗어나 조금 더 많은 일을 하고 있다. 외과 의사가 된다는 것은 아주 긴 도제 과정을 거치는 일이다. 나는 내 스승이 말했던 것처럼 '일류 배관공'이 되어 생명의 길이 바뀌기를 희망하며, 아픈 심장으로 들어가고 나오는 혈액의 흐름을 바꾼다. 가끔은 나와 동료들이 돈을 벌기 위해 하는 일이 어떤 의미인지 잊곤 한다. 일이라는 일상적 행위 속에서 길을 잃는 것이다. 가만히 앉아 곰곰이 생각할 때 비로소 내가 하는 일이 얼마나 장엄한 일인지를 기억해낸다.

이 일은 큰일이다. 정말로 큰일이다. 믿을 수 없을 정도로 근사한 동시에 정말로 심각한 일이다. 심장외과 의사들은 수없이 많은 관상동맥 수술을 하고 머리카락과 비슷한 굵기의 봉합사라는 실로 지름이 1~2밀리미터밖에 안 되는 혈관을 꿰맨다. 정확한 지점에서 심장을 갈라 병든 판막을 고치거나 새로운 판막으로 바꾼다. 제대로 연결되지 않은 심장 혈관을 다시 연결하거나, 심장에 흐르는 전류가 제대로 흐를 수 있도록 심장 근육을 태워, 불규칙하게 뛰거나 지나치게 빨리 뛰는 심장 박동을 잡는다. 심장외과 의사들은 심장을 완전히 멈추고 수술하는 동안 환자의 실제 기관을 대신해 심장과 폐 역할을 해줄 심폐기를 연결한다. 심폐기는 체외순환사의 매서운 눈길 아래 작동한다. 체외순환사는 환자의 생명을 지탱하게 하는 심폐기를 관리해 혈액 순환의 모든 부분을 조절하는 과학자다.

심장 수술에는 정말로 많은 사람이 관여한다. 외과 의사 두세 명, 마취과 의사 두 명, 간호사 두세 명으로 이루어진 수술 팀은 물론이고, 그 외에도 많은 사람이 수술에 참여한다. 모두 힘을 합쳐야 수술할 수 있다. 환자가 병원에 들어오는 순간부터 퇴원하는 순간까지 수많은 전문의와 간호사, 치료에 관여하는 건강 전문가 모두가 환자가 회복될 수 있도록 환자와 환자의 가족을 돕는다.

아름다운 심장

예술가와 과학자를 유혹한 심장을 내가 사랑하는 이유를 전달하려면, 먼저 우리 가슴에서 일어나는 일을 설명해야 한다. 심장은 성장하는 태아의 몸에서 가장 먼저 형성되는 기관 가운데 하나다. 4주 차 된 태아의 몸에서는 네 개의 방으로 이루어진 아주 작은 심장이 만들어져 뛰기 시작한다. 이 초기 심장은 도토리나 검너트gumnut(유칼리 속屬의 삭과로 열매 안이 여러 칸으로 나뉘어 있고, 각 칸에 많은 종자가 들어 있다-옮긴이)만큼이나 작은데도 아주 많은 일을 한다. 태아가 발달하고 성장하는 동안 훨씬 복잡해지고 커지는 심장은 출생한 뒤에도 자라며, 심장이 뛰는 동안 우리는 살아갈 수 있다. 죽는 날까지 심장은 절대로 멈추지 않는다.

주먹을 쥐어보자. 심장의 크기는 그 주먹만 하다. 다시 검너트를 생각하자(검너트에서 주먹까지, 심장은 정말 먼 길을 왔다). 사람의 심장은 왼쪽 부분과 오른쪽 부분으로 나뉜다. 각 부분은 심방 한 개, 심실 한 개로 이루어져 있다. 즉 우리에게는 **좌심방**, **우심방**, **좌심실**, **우심실**이 있다. 심장은 가슴뼈 바로 뒤에 있고, 살짝 왼쪽으로 치우쳐 있는 **심막**pericardium이라는 섬유질 주머니 안에 있다. 심장은 왼쪽 폐에 자리 잡고 있다고 할 수 있는데, 대부분은 폐에 둘러싸여 있다.

심장의 오른쪽 부분은 두 가지 중요한 역할을 한다. 우심방은 온몸을 돌고 와 산소가 부족한 혈액을 받아들인다. 이 혈액은 피부, 뼈, 근육, 장, 간 같은 기관을 이루는 배고픈 조직에 영양분을 공급하고 돌아왔다. 우심방으로 들어온 혈액은 **삼첨판**을 지나 우심실로 내려간다. 우심실은 강하게 수축해 이 혈액이 **폐동맥판막**을 지나 **폐동맥**으로 나가게 한다. 이것이 심장의 오른쪽 부분이 하는 아주 중요한 첫 번째 역할이다. 이 혈액은 폐를 지나면서 산소를 받고 이산화탄소를 내보내 우리가 숨 쉬며 살아가게 한다.

심장의 오른쪽 부분이 하는 두 번째 중요한 역할은 우심실을 수축시켜서 새로 산소를 받은 혈액이 폐를 떠나 **폐정맥**을 따라 좌심방으로 들어가게 해준다는 것이다. 좌심방으로 들어온 혈액은 **이첨판**을 지나 좌심실로 내려간다. 이때부터는 근육이 큰 힘을 발휘해야 한다. 좌심실은 심장의 보디빌더 역할을 한다. 우심실보다 훨씬 두껍고 근육이 많은 좌심실이 수축하면 좌심실 안에 있던 혈액은 초속 2미터의 속도로 **대동맥판막**을 지나 **대동맥**으로 들어간다. 대동맥은 심장과 연결된 혈관 가운데 가장 두꺼운 혈관으로, 대동맥에서 나간 혈액은 온몸을 돌면서 잠자고 음식을 소화하고 달리고 생각하고 아기를 만들고 노래하는 등 우리 몸이 해야 하는 일들을 담당한 모든 신체 조직에 영양분을 공급한다.

심장이 제 기능을 하려면 위에서 말한 것 외에도 다른 것들이 필요하다. 그중에서도 **관상동맥**은 너무나 중요하다. 본질적으로 심장은 근육으로 이루어진 커다란 주머니기 때문에 심장이 제대로 일하려면 영양분(특히 산소와 포도당)이 필요하다. 관상동맥은 심장을 이루는 모든 세포가 소중한 혈액을 제대로 받을 수 있도록 아주 복잡한 혈관망을 이용해 심장에 혈액을 공급한다. 관상동맥은 크게 좌전실간동맥, 우관상동맥, 그리고 좌회선관상동맥으로 갈라져 들어가는 좌주관상동맥이라는 세 가지 동맥으로 이루어진다. 이 관상동맥들이 막히거나 혈액 공급이 제대로 이루어지지 않으면 **심장마비**가 온다.

심장에서 중요한 또 다른 부분은 전기계다. 심장의 전기계는 당신이 살고 있는 집의 전기 장치와 다르지 않다. 분명히 눈치챘겠지만, 심장은 뛰라는 말을 듣지 않아도 알아서 뛴다. 우리는 정말 운이 좋은 것이다. 심장이 누군가의 지시를 받고 방해를 받는다면 참사가 벌어질 수도 있다! 심장에 연결된 전선을 **전도계**conduction system라고 한다. 심장이 몸에 맞는 적절한 속도로 뛸 수 있는 이유는 심장을 이루는 여러 근육세포에 전기를 공급하는 전도계 덕분이다.

심장은 아름다운 동시성synchrony을 드러내며 뛴다. 양쪽에 있는 심방은 동시에 심실로 혈액을 내려보낸다. 두 심방은 강하게 수축하고 강한 압력을 가해 마지막 남은 피 한 방울까지 전부 심실로 내려보낸다. 심실에서 동시에 강하게 뿜어져 나온 피는 폐와 온몸을 돈다. 심실의 근섬유가 수축하는 힘은 엄청나서 폐동맥판막과 대동맥판막을 열어젖히고 두 심실의 피는 우리 몸에서 가장 두꺼운 두 동맥 속으로 뛰어나간다. 심실을 이루는 근육은 아무렇게나 조여지는 것이 아니라 일정한 패턴으로 조여진다. 근섬유는 심실의 공동(내부의 빈 공간)을 나선처럼 감싼 형태로 배열되어 있으므로, 심실 안에 있는 혈액을 천의 물기를 남김없이 짜는 것처럼 마지막 한 방울까지 짜내 밖으로 내보낼 수 있다. 심장의 세세한 면면을 떠올려보면, 그 미세한 영리함에 늘 경이로움을 느끼게 된다. 오랜 진화의 시간을 거친 뒤에도 그렇게 정교하게 조율된 기계를 만들어냈다는 사실은 정말로 놀랍다.

사람의 심장은 1분에 평균 70번 정도 뛴다. 매일 10만 번 뛰는 셈이다. 팔이나 다리 근육과 달리 심장 근육은 지치지 않아서 쉴 필요도 없고 피로도 느끼지 않는다. 하루에 이두박근을 10만 번이나 굽혔다 펼 수 있을까? 아니, 그럴 수는 없다. 팔이나 다리 근육은 쉽게 피로해 지치고, 너무 많이 쓰면 욱신욱신 쑤신다. 심장은 아주 영리해서 늘 같은 속도로 뛰지는 않는다. 운동할 때면 1분에 190번까지도 뛸 수 있고, 에너지를 적게 쓰는 수면 시간에는 밤새 1분에 40번 정도만 뛴다. 평생 사람의 심장이 뛰는 횟수는 3조 번이 넘는다.

심장은 '일단 설정하면 매번 관리하지 않아도 되는' 기계 장비와 같다. 혈액이 심장에 공급되는 한, 뇌는 심장에게 얼마나 빨리 뛰어야 하는지, 언제 뛰어야 하는지 명령할 필요가 없다. 심장 근육을 이루는 세포는 아주 영리해서 혈액이 산소, 포도당, 지방산 같은 영양분을 공급하는 한 규칙적으로 뛴다. 이 모든 요소가 한데 합쳐서 효율적이고도 조화로운 펌프인 심장이 만들어진다.

심장의 기능과 작동 방식(전반적인 펌프 작용부터 강력한 현미경으로

만 볼 수 있는 미세한 과정에 이르기까지)은 아주 단순한 것부터 정말로 복잡한 것까지 넓은 범위에 걸쳐 있다. 심장이 (우리가 살아가는 모든 순간에 완벽하고 아름답고 영리하게) 일하고 있다는 사실은 경이로움 그 자체다.

무언가 잘못되었을 때

모든 기계가 그렇듯이, 정교하게 조율된 심장에서도 문제가 발생할 수 있다. 그 문제는 가지고 태어났을 수도 있고, 유전자에 새겨졌을 수도 있고, 식습관, 운동 습관, 흡연 습관 같은 삶의 태도가 미묘하게 균형을 깨뜨렸기 때문일 수도 있다.

가장 흔하게 나타나는 문제는 심장마비다. 심장마비는 관상동맥이 막혔을 때 발생한다. 관상동맥은 유전자, 성性, 혈압 때문에 생긴 변화, 우리가 먹는 지방이나 당분, 담배 연기 등에 반응하면서 보통은 오랜 세월에 걸쳐 천천히 막힌다. 관상동맥 벽에 **죽종**atheroma이라는 노폐물이 쌓일 때 혈관이 좁아지면서 막히기 시작한다. 혈관이 완전히 막히면(보통은 죽종 위에서 굳은 피인 혈전 때문에 막힌다), 혈관이 영양분을 공급하던 심장 근육은 죽거나 경직된다. 혈관이 막혀 있는 시간이 길수록 근육이 심각하게 손상되어 심장이 펌프 기능을 제대로 하지 못할 가능성이 커진다. 좁아진 관상동맥이 좋은 혈액을 제대로 공급하지 못했을 때 발생하는 **협심증**angina은 심장마비와 비슷하지만 심장마비처럼 아주 극적인 결과가 수반되지는 않는다. 흔히 심장마비와 협심증 같은 심장 관련 질병을 합쳐 **심장 질환**이라고 한다. 심장 질환, 특히 관상동맥 관련 심장 질환은 오스트레일리아, 미국, 영국 같은 선진국 대부분에서 남녀 모두가 가장 많이 사망하는 원인이다.

선진국에서 심장 질환으로 사망하는 여성은 유방암 사망자보다 세 배 많지만, 그 사실을 대부분 모르고 있다. 지금도 사람들은 심장 질환이 아버지, 삼촌, 남자 형제들, 남편에게만 위험한 남성의 병이라고 생각한다. 심장재단Heart Foundation의 조사 결과, 여성 열 명 가운데 세 명만이 심장 질환을 자신이 걱정할 필요가 있는 문제로 인식했다.

심장 질환과 관련한 더 무서운 사실은 오스트레일리아 여자들 가운데 심장 질환 발병 요인을 적어도 한 개 이상 가진 사람이 90퍼센트가 넘는다는 것이다. 두 개 이상의 요인을 가진 여자도 많다. 심장 질환 발병률을 높이는 요인, 즉 흡연이나 고혈압이 있을 가능성도 있다. 실제로 여자의 심장 질환은 남자를 괴롭히는 심장 질환과는 아주 다르다. 심장 질환이 있는 여자는 쉽게 피로하고 어렵지 않은 일을 할 때도 숨이 가쁘다. 여자는 혈관이 작고 에스트로겐의 보호를 받기 때문에, 혈관이 막히는 형태가 남자와 다르고 생기는 질병의 종류와 증상도 다르다. 실제로 과학자와 의사는 남자와는 다른 여자의 심장 질환 치료법을 알아내려고 분투 중이다.

심장의 **판막**은 고도로 분화되어 혈액이 일정한 방향으로 심장을 돌아 몸 밖으로 나가게 한다. 정상적인 심장 판막은 아름답다. 얇고 거의 투명한 것이 마치 낙하산처럼 보인다. 혈액이 판막을 통과하면 잠시 후 판막은 닫힌다. 혈액이 다른 방향으로 가는 일은 밑으로 내려가는 에스컬레이터에서 위로 올라가는 일만큼이나 어렵다. 혈액이 거꾸로 흐르면 모든 혈액이 심장 밖으로 나가지 않고 일부 혈액이 심장에 남기 때문에 심장은 조금 더 힘들게 일해야 한다. 판막이 제 기능을 하지 못해 혈액이 거꾸로 흐르는 현상을 **역류**라고 한다. 판막은 정상 판막의 크기보다 절반 이하로 아주 좁아지기도 하는데, 이때 혈액이 앞으로 이동하게 하려면 심장은 훨씬 더 많은 일을 해야 한다. 판막이 좁아지는 경우를 **협착증**이라고 한다. 협착증은 나이가 들어 심장 판막이 닳거나 찢어져도 생길 수 있고, 류머티즘열이나 판막 감염 같은 질병 때문에 생길 수도 있다.

심장 근육이나 심장 세포 때문에 심장에 문제가 생길 수도 있다. **심근증**cardiomyopathy이라는 용어는 라틴어로 '심장 근육병'이라는 뜻을 지닌 단어에서 왔다. 바이러스 감염, 심장마비, 유전 요인, 정확한 이유를 알 수 없는 원인 등 다양한 요인이 심장 근육에 비슷한 손상을 입혀 심근증이 발병한다. 심근증 환자 가운데 일부는 심장이 제대로 펌프 작용을 할 수 없어 신체 기관에 혈액을 제대로 공급하지 못하는 **심부전**으로 발전한다. 심부전 환자는 너무 통증이 심해 옷을 입거나 우편함까지 걸어가는 간단한 일도 하기 어렵다. 심각한 경우에는 심장이식을 받아야 한다.

심장 근육병이 늘 후천적으로 생기는 것은 아니다. 심장병을 가지고 태어나는 아이들도 있다. 태아기 때 심장이 일반적인 성장 과정을 거쳐 발달하지 않은 아이는 심장에 구멍이 뚫린 **심방중격결손증**이나 **심실중격결손증** 같은 다양한 심장 결손을 가지고 태어난다. 아주 심각한 심장 결손을 가지고 태어난 아기는 상태가 위중하기에 생후 며칠 내 수술을 받아야 한다. 심장 결손은 아주 흔한 신생아 결손으로 신생아 100명당 한 명이 심장 결손이며, 그 가운데 3분의 1은 사는 동안 적어도 한 번은 심장 수술을 받아야 한다.

현재 우리는 심장에 관한 흥미로운 정보를 많이 알고 있지만, 시간이 흐르면 그 정보를 폐기해야 할 수도 있다. 심장뿐 아니라 몸의 모든 부분도 마찬가지다. 우리는 늘 배운다. 얼마 전까지만 해도 우리는 DNA를 알지 못했다. 이제는 일상생활에서도, 텔레비전 방송에서도 DNA는 곧잘 등장하는 익숙한 단어가 되었다. 심장에 관한 지식도 마찬가지다. 우리는 계속해서 더 많은 것을 알아가고 있다.

1부

몸과 마음이 맞닿은 곳

1장

부서진 심장 때문에 죽을 수 있을까

상처받은 몸은 치유되지만,
심장에 생긴 상처는 죽을 때까지 남는다.

전직 게이샤, 『게이샤 *A Life*』 저자
이와사키 미네코

처음으로 마음이 산산이 무너져 내린 순간을 떠올려보자. 그 순간은 지난주거나 혹은 몇 년 전일 수도 있다. 누구나 한 번 쯤은 심장이 무너져 내리는 비통함을 경험한 적이 있고, 불행한 사람들은 그런 비통함을 일생에 한 번 이상 경험한다. 사랑이 끝났거나 가까운 사람이 죽는 것처럼 누군가를 잃었을 때 느껴야 하는 감정적 외상은 너무나 괴로운 것이다. 심장이 무너지는 비통함은 그저 감정적인 고통이 아니다.

비통함을 느끼면 실제로 심장이 아플 수 있다. 가슴이 조이거나 시릴 수도 있다. 마치 심장이 칼에 찔린 것 같다고 하는 사람도 있다. 비통함은 정말로 끔찍하게 고통스러운 감정인데, 우리는 소중한 사람을 잃었을 때 가슴에 통증을 느끼면서 그 없이는 살 수 없을 것 같다. 가족과 친구들은 시간이 흐르면 비통함이 사라지고 심장은 치유될 거라고 말한다. 실제로 극심한 고통으로 멍든 심장은 대부분 치유되고, 심장이 치유되는 동안 우리는 다시 강해진다. 어쩌면 당신의 기대보다 훨씬 더 강해질 수도 있다.

마음 건강과 신체 건강의 관계는 아주 오랫동안 논쟁거리였다. 흔히 긍정적인 생각은 신체 건강을 비롯해 한 사람의 인생을 전부 바꿀 만큼 힘이 있다고 한다. 치유되리라 생각하면 몸은 질병과 싸울 수 있다고 한다. 우리는 암이나 심장 질환을 앓는 사람들에게 마음으로 싸우라고, 용감하게 전투에 나가는 작은 병사들을 떠올려보라고 한다. 뉴스에서는 질병과 스트레스의 관계를 둘러싼 논쟁을 자주 다룬다. 심장이 무너져 내리는 감정은 우리가 느끼는 가장 강력한 감정 가운데 하나다. 심장이 수만 조각으로 산산이 부서지면 정말로 죽어버릴 것 같은 기분이 든다. 여기서 질문은 이것이다. 비통함 때문에 심장이 부서지면 정말 죽을 수 있을까?

2016년, 영화 〈스타워즈〉의 공주 캐리 피셔가 사망하자 〈스타워즈〉의 열광적 팬들은 너무나 놀랐고 상심했다. 피셔가 사망한 다음 날, 그녀의 어머니 데비 레이놀즈가 뇌졸중으로 사망했다. 사람들은 데비의 심장과 몸이 딸을 잃은 슬픔 때문에 기능을 멈춘 것이라고 말했다. 딸이 이 세상에 없다는 절망 때문에 '심장이 부서져' 죽었다는 것이다. 언론은 데비가 캐리가 죽은 다음 날 딸과 함께 있고 싶다는 소망을 빌었을 거라고 보도했다. 데비의 이야기는 부서진 심장에 관한 슬프고 마음이 저린 이야기다.

문어잡이 항아리

부서진 심장을 일컫는 의학 용어는 실제로 있다. 상심증후군broken heart syndrome이라 할 수 있는 이 병의 실제 병명은 **타코츠보 심근증**, 혹은 스트레스성 심근증이다. 상심증후군은 심장마비와 비슷하다. 몸이 느끼는 감정 때문에 다량의 호르몬이 방출되어 관상동맥이 심하게 경련을 일으키고 수축하면서 심장 근육으로 가는 혈액이 줄어 발병한다. 혈액이 제대로 공급되지 않아 심장 근육이 손상되면 심장은 제대로 기능하지 못한다.

타코츠보蛸壷는 일본 어부들이 문어나 낙지를 잡을 때 사용하는 항아리다. 목은 좁고, 동그란 밑 부분이 풍선처럼 부풀어 오른 이 항아리는 마치 고장이 난 심장처럼 보인다. 심장의 좁은 목은 펌프질도 잘하고 쉽게 조여지지만, 좌심실의 바닥(심첨부)은 근육이 망가져 펌프 기능이 고장 나면 좌심실에서 혈액을 내보내지 못하기 때문에 풍선처럼 부풀어 오른다.

타코츠보 심근증을 일으키는 원인과 영향을 미치는 호르몬의 종류, 치료 방법은 아직 정확히 밝혀지지 않았다. 의사들은 이 질병이 사랑하는 사람의 부고 소식 등 끔찍한 이야기를 들은 여성에게서 자주 발병한다는 사실을 알게 된 후 '상심증후군'이라는 이름을 붙였다. 실제로 상심증후군의 가장 이른 사례 중 하나도 1990년대 초반에 매사추세츠에 있는 일류 병원을 찾아온 여성에게서 찾을 수 있다. 그 여성은 의사를 포함한 모든 사람이 심장마비라고 진단할 수 있는 전형적인 가슴 통증을 호소했다. 의사들은 심장을 더 자세히 검사하면 심장마비의 원인인 막힌 혈관을 찾을 수 있으리라 기대했다. 하지만 막힌 혈관은 없었다. 의사들은 그녀의 십 대 아들이 자살했다는 것을 알아냈다. 그로부터 몇 년 뒤에 타코츠보 증후군이라는 용어가 등장했고, 의료 전문가들은 마음과 심장의 관계를 그저 민속학의 잔재로 치부하지 않고 더 진지하게 고민하기 시작했다.

여자의 문제라고?

여자들은 상심증후군에 훨씬 더 취약한 것 같다. 상심증후군 환자의 90퍼센트는 여자고, 나머지 10퍼센트인 남자의 경우는 감정이나 트라우마 같은 심리적 문제보다는 싸움 등으로 신체적 '충격을 받을 때' 주로 발병한다. 감정 스트레스나 신체 외상과 마찬가지로 암페타민을 복용했을 때도 우리 몸의 기관들은 적과 맞설 것이냐 물러날 것이냐의 상황(투쟁-도피 반응fight or flight response)에서 우리를 도울 수 있는 호르몬에 과도하게 노출된다. 상심증후군 증상은 전형적인 심장마비 증상과 비슷하므로 쉽게 구별할 수 없다.

2011년 2월, 뉴질랜드의 크라이스트처치에서 심각한 지진이 발생했다. 뉴질랜드 제2도시인 크라이스트처치의 인구는 34만 명 정도다. 점심시간이 조금 지났을 때, 강도 6.3의 지진이 도시를 덮쳤다. 지진으로 185명이 사망하고, 도시 곳곳이 심각하게 파괴된 것 외에 또 다른 문제가 생겼다. 심장 문제로 병원을 찾는 사람이 급격하게 증가한 것이다. 지진이 발생한 뒤 4일 만에 스물한 명이 스트레스성(타코츠보) 심근증 진단을 받았다. 스트레스성 심근증이 갑작스레 증가한 이유를 규명하는 데 꼬박 1년이 걸렸다.

앞서 스트레스성 심근증에 대해 살펴보았으므로, 당신은 스물한 명 모두 여자라는 사실을 충분히 짐작할 것이다. 스물한 명의 여성 대부분은 심장 질환을 일으키는 가장 위험한 요소라고 알려진 흡연 습관, 당뇨, 고혈압이 없었다. 지진이 일어나지 않았다면 심장 문제를 겪을 이유가 없는 사람들이었다. 지진 발생 후 1년이 지나자 여자들은 모두 살아남았고, 지금도 생존해 있다. 스트레스성 심근증에 미처 손을 쓰지 못하고 굴복하는 사람들도 있지만, 적절한 치료를 받고 무사히 회복하는 사람도 있다.

싸우거나 도망치거나

상심증후군을 겪는 사람의 몸에서는 아드레날린, 노르아드레날린, 도파민 같은 호르몬이 엄청나게 분비된다. 아드레날린은 부신과 신경세포 몇 곳에서 분비된다. 아드레날린이 분비되면 이제 막 싸우기라도 할 사람처럼 심장이 빨리 뛰고 동공이 확장된다. 실제로 아드레날린은 바로 그런 용도를 위해 만들어진 호르몬이다. 아드레날린의 기원은 검치호랑이(매우 크고 날카로운 송곳니를 가진 호랑이로 칼이빨호랑이, 스밀로돈Smilodon으로도 불린다. 약 1만 년 전에 멸종되었다 -옮긴이)가 뛰놀던 선사시대까지 거슬러 올라간다. 몸에서 아드레날린이 분비되면 심장이 빨리 뛰고 혈압이 올라가고 땀이 흐른다. 두렵거나 격렬한 감정을 느끼는 이유는 몸에서 아드레날린이 다량 분비되기 때문이다.

아직도 스트레스성 심근증의 복잡한 원인은 밝혀지지 않고 있지만, 가장 큰 원인은 호르몬이라 추정한다. 뇌가 감정적으로 충격을 받으면 시상하부hypothalamus라고 하는 원시 뇌 부분이 버럭 화를 낸다. 시상하부는 뇌하수체와 부신, 자율신경계에 아드레날린을 잔뜩 분비하라는 명령을 내린다. 아드레날린은 심장의 혈관을 심장이 두려움을 느낄 정도로 강하게 조인다. 특히 작은 혈관들이 눈에 띄게 수축하는데, 그 때문에 심장 근육으로 가는 혈관이 닫혀 버린다. 혈관이 모두 닫히면 혈압이 급격하게 상승하고, 심장은 과도하게 증가한 혈압을 이기려고 훨씬 힘들게 일해야 하니 결국 병이 난다.

스트레스성 심근증 환자의 심장 조직을 검사하면 심장 세포에서 일어나는 일을 알 수 있다. 아드레날린을 비롯한 스트레스성 호르몬이 심장 세포 안으로 밀려 들어가면, 세포 안에 있는 심장을 수축해 펌프 역할을 하게 만드는 특정 단백질들이 손상된다. 세포에 에너지를 공급하는 미토콘드리아를 비롯해 근육세포의 다양한 세포 소기관이 파괴된다는 연구 결과도 있다. 스트레스성 심근증을 앓고 있는 심장은 많은 세포가 손상되는데, 그 이유는 아드레날린이 다량 유입되었기 때문일 수도 있다.

여기서 심장은 상당히 멋지지만, 또 상당히 취약하다는 사실을 알 수 있다. 심장 근육을 이루는 세포는 정말 놀랍다. 수축해 혈액을 밖으로 내보내려면, 심장 근육세포는 혈액을 공급받아야 한다. 혈액은 세포의 안과 밖을 드나들며 칼슘, 칼륨, 나트륨 같은 전해질과 에너지 공급원인 포도당과 산소를 공급해 세포가 제 기능을 하게 한다. 또한 혈액은 이산화탄소 같은 노폐물을 세포 밖으로 가져간다. 필요한 에너지를 받고 불필요한 노폐물을 내보낸 심장 근육세포는 수축해 짧아진다. 심장을 이루는 모든 근육세포가 충분히 혈액을 공급받으면, 심장은 한 번 뛸 때마다 혈액을 내보낸다. 하지만 에너지를 공급하고 노폐물을 제거하는 역할이 제대로 이루어지지 않으면, 심장 근육세포는 마치 점심 먹으러 외출하듯 제 역할을 하지 않는다. 외출 시간이 길어지면 근육세포는 죽고 만다. 심장 근육이 심하게 손상되면, 결국 심장은 펌프질해야 한다는 생각을 아예 하지 않을 수도 있다.

약한 성이라고?

여자들은 감정적이기 때문에 스트레스성 심근증에 잘 걸린다는 말로 결론 내리고 싶을지도 모르지만, 상황은 그렇게 단순하지 않다. 실제로 여러 세포 과정, 인체 신호 물질, 호르몬 등이 스트레스성 심근증에 영향을 미치며, 의과학자들도 아직 정확한 발병 원인을 밝히지 못하고 있다. 더구나 몸이 지방산이나 포도당을 처리하는 방법도 스트레스성 심근증에 영향을 미친다고 알려져 있다. 지방산과 포도당은 신체를 움직이고 단백질을 만들고 성장하고 분열하는 등, 세포가 맡은 가장 기본적인 활동을 할 때 필요한 에너지를 공급한다. 스트레스성 심근증을 앓는 세포처럼, 병든 세포는 에너지원 사용 능력에 문제가 생긴다.

에스트로겐은 심장을 보호한다. 갱년기에 에스트로겐 분비량이 줄어들면 심장은 더욱 취약해지는데, 특히 격정적인 반응을 이끄는 심장 혈관이 취약해진다. 남자보다 여자가 스트레스성 심근증에 더 취약한 이유는 그 때문일 수도 있다. 하지만 왜 모든 여자가 아닌 일부 여자들만이 스트레스성 심근증 때문에 고통을 받는지, 어느 정도 스트레스를 받아야 발병하는지는 아직 밝혀지지 않고 있다.

스트레스성 심근증이 발병하면 심장이 매우 아플 수 있다. 그 때문에 심장 주인도 몹시 아플 수 있다. 스트레스성 심근증은 사실상 치료 방법이 없다. 그저 심장이 받는 압력을 줄이고, 아드레날린성 호르몬 때문에 생기는 증상을 치료하며, 심장이 좀 더 쉽게 제 일을 할 수 있도록 혈관을 이완하는 약을 먹는 등의 '증상 완화' 치료만을 할 수 있다. 증상이 훨씬 심각한 환자에게는 심장의 펌프 작용을 돕고 혈압을 높여 다른 중요 기관에 혈액이 공급될 수 있는 약을 처방한다. 스트레스성 심근증인 사람은 대부분 스트레스 호르몬의 수치가 줄어들면 심장도 회복되므로 완벽하게 치료할 수 있다. 하지만 완전히 치유되지 않는 사람도 있고 부서진 심장 때문에 죽는 사람도 있다.

당신 없이 살 수 없어

어느 금요일에 우리는 정말로 '인격자'라고 할 수 있는 한 신사를 수술했다. 그는 정말로 경이롭고 흥미로운 삶을 살았고, 부인은 세상을 떠났지만 멋있고 자유로운 영혼을 가진 여성과 사실혼 관계에 있었다. 두 사람은 70세에 온라인에서 만나 장거리 연애를 시작했고, 같은 도시에서 함께 살았다. 두 사람은 인생을 사랑했고, 서로를 사랑했다. 두 사람은 평온했고 활발했으며, 30대가 은둔자처럼 느껴질 만큼 사교 생활을 즐겼다. 그러나 신사의 몸이 아프기 시작하자 커플의 활기는 사라졌고, 그녀는 그의 건강을 걱정했다. 그는 자신이 심각하게 아픈 것은 아니라고 주장했지만, 그녀는 그가 늘 걷던 길을 걷고도 숨을 제대로 쉬지 못한다는 사실을 알게 되었다. 결국 그녀는 신사를 구급차에 밀어 넣었고(여자들은 자신의 파트너를 강제로 구급차에 태울 때가 많다!), 그의 폐 주위가 심각하게 감염되었다는 것을 알게 되었다. 다시 폐를 부풀리고 정상적으로 숨을 쉬려면 감염 부위를 제거하는 수술을 해야 했다.

하지만 신사는 수술받을 수 없었다. 감염 상태가 너무 심각했고, 83세인 그의 몸은 큰 수술을 감당할 수 없었다. 그는 멋진 인생을 즐기며 멋진 사랑을 하는 재기 넘치고 원기 왕성한 노인이었지만, 감염을 이길 수도 큰 수술이 줄 스트레스를 감당할 수도 없었다.

그날 밤은 평생 내 마음에서 떠나지 않을 것이다. 나는 그의 파트너 준에게 무거운 소식을 전하려고 전화했던 순간을 기억한다. 전화를 받자마자 준은 병원으로 달려왔다. 나는 직업인으로서 가장 하기 싫은 일을 해야 했다. 환자의 가족에게 환자에게 일어난 일을 설명하고 너무나 유감이라고 말해야 했다. 늦은 시간이었고 긴 한 주를 보낸 뒤라 기진맥진했지만, 병원 사무장과 나는 준과 간호사 한 명과 함께 한 시간이 넘게 앉아 있었다. 준의 딸이 도착할 때까지 그녀를 혼자 두기 싫어서 앉아 있었던 것이지만, 곧 다른 이유가 생겼다. 우리 모두 그녀의 이야기에 빠져들어 그 자리에서 일어나지 못했다.

준은 우리에게 두 사람의 인생 이야기를 해주었다. 두 사람이 만난 이야기, 두 사람이 사랑한 영화 이야기, 두 사람이 첫 번째 결혼에서 얻은 아이들 이야기를. 그는 스코틀랜드 출신이고 준은 잉글랜드 출신이라, 준이 어떤 식으로 그를 끊임없이 놀렸는지 이야기했다. 두 사람이 불과 2주 전 술집에서 본 블루스 밴드 이야기도, 두 사람이 기르는 개들이 침대 시트를 훔치려고 했던 이야기도 했다. 그 모든 이야기가 마음을 울렸기에 나는 꼼짝 못 하고 자리에 앉아 있었다. 그들의 인생은 너무나 사랑스럽고, 충만하고, 아름다웠다. 준의 얼굴은 두 사람이 서로에게 준 특별한 행복으로 가득 차 있었다. 준은 흐느껴 울면서 말했다. "저 사람이 죽는다는 걸 믿을 수가 없어요. 저 사람 없이 내가 살아갈 수 있을까요?" 준의 이야기를 들으면서 나도 같은 생각을 했다. 그 후로 준의 소식을 듣지 못했다. 그녀의 심장이 삶을 택하고 살아남았기를 바랄 뿐이다.

사별한 사람들

배우자가 죽고 며칠이나 몇 주 안에 남은 배우자가 죽었다는 이야기를 종종 들을 수 있다. 돈과 맥신 심슨 부부는 1952년에 만나서 결혼했다. 유난히 금실이 좋았던 두 사람은 모든 일을 함께했다. 시간이 흘러 맥신이 87세로 세상을 떠나자 네 시간 뒤에 돈도 세상을 떠났다. 이것이야말로 두 사람의 심장은 절대로 나뉘어 뗄 수 없다는 진정한 사랑의 최후 아닐까? 상심증후군과는 조금 다르지만, 배우자 상실에 의한 영혼의 상처를 심장이 받아들이는 또 다른 방법이다.

낭만적이지 않은가? 사랑하는 사람을 잃으면 심장이 부서져서 더는 뛸 수 없다니. 그것이야말로 사랑의 궁극적인 형태 아닐까? 이런 사랑은 〈노트북〉 같은 영화의 단골 주제다. 영화처럼 자신의 반쪽을 잃고 살아갈 수 없는 사람들의 사랑 이야기는 장이 뒤틀릴 정도로 괴로운 악몽으로 바뀌어버린다. 한 사람이 '부서진 마음' 때문에 세상을 떠났다는 이야기를 들으면 슬프지만 사랑스럽게 느껴지는 이유는 바로 그 때문이라고 확신한다. 두 사람의 심장이 뒤엉켜 있기에 한쪽이 없으면 다른 쪽도 뛰지 못하는 일이 실제로 가능할까? 수세기 전에는, 그러니까 레오나르도 다빈치가 아름다운 심장을 그리기 전까지는 학자들은 심장이 영혼이 머무는 곳이라고 믿었다.

나는 자주 심장을 들여다보지만 아직 영혼을 찾지 못했다. 그런데 한 가지는 확실하다……. 심장이 영혼의 중심이거나 기원인지는 모르겠지만, 우리의 영혼과 감정이 가장 분명하게 영향을 미치는 곳이라는 사실. 가슴은 인간이 가장 강한 감정을 느끼는 장소다. 사랑하는 사람을 잃을 때는 가슴에 둔탁한 통증이 느껴지고, 걱정할 때는 가슴이 조이는 것 같고, 사랑하거나 자부심이 느껴질 때는 가슴이 한결 가벼워진다. 가만히 집중하고 느껴보면 행복할 때는 심장이 콩닥콩닥 뛰고, 겁먹었을 때는 천둥처럼 쿵쾅쿵쾅 뛴다. 평생을 함께할 사랑하는 이를 만날 때면 실제로 심장이 잠시 멈추기도 한다. 심장이 멈춘다는 표현은 그저 관용적인 표현일 수 있지만, 실제로 우리 몸이 감정에 반응한 결과일 때도 있다.

당연한 말처럼 들리겠지만, 사별은 영혼만큼이나 몸에도 나쁜 영향을 미친다. 사랑하는 사람을 잃으면 믿을 수 없을 만큼 지독한 슬픔이라는 안개가 한 개인의 생각과 행동을 모두 덮어 아무것도 할 수 없게 만든다. 사람들은 다양한 태도로 사별을 받아들인다. 금욕적이고도 강인하게 받아들이는 사람도 있고, 덤덤하게 받아들이는 사람도 있고, 사랑하는 사람이 이제는 평온할 거라고, 사랑하던 가족과 함께 있을 거라고 긍정적으로 생각하는 사람도 있다. 그저 우는 사람도 있고, 어떤 방법으로도 위로받지 못하는 사람도 있다. 환자의 부고를 알리는 내게 탁자를 던진 사람도 있다. 그 사람을 나무랄 수는 없다. 비통함은 너무나 고약한 감정이니까.

사별한 배우자를 따라 세상을 떠난 노부부의 이야기 때문이겠지만, 부서진 심장이 사람을 죽게 할 수 있는지에 관한 연구가 현재 진행되고 있다. 정말로 부서진 심장이 사망의 원인일 수도 있다. 과학자들은 사랑하는 사람이 이 세상에 없음을 인지한 비통한 연인에게 진정한 사랑이 어떤 일을 할 수 있는지를 알아보려고 수년 동안 여러 커플을 관찰했다. 과학자들은 사랑하는 사람을 잃은 사람과 그 사람과 나이가 같고 사랑하는 사람을 잃지 않은 사람을 과학적으로 비교했다. 나이가 같은 사람을 택한 것은 교란 요인을 제거하기 위한 일종의 과학적 방법이다. 과학자들은 다른 요인이 아니라 사별 때문에 죽음에 이르게 된 것인지를 분명하게 확인하고 싶어서 교란 요인(이 사례에서는 '서로 다른 나이'가 교란 요인이다)을 제거했다.

그다음 결과를 관찰했다. 우리가 관찰한 사람이 남자건 여자건, 남편이건 아내건, 심지어 부모건 간에 사람들은 중요하고 가까운 사람을 잃을 때 사망 위험이 훨씬 컸다. 특히 70세 이상인 노인이 더 취약했고, 사별 후 30일 이내 사망 위험은 더 컸다. 사랑하는 사람이 죽은 다음 날 심장마비가 올 위험은 평소보다 16배까지 높아지고, 아내가 사망한 뒤 30일 안에 홀로 남은 남편이 죽을 위험은 66배까지 높아진다는 연구 결과도 있다. 이런 연구 결과를 보면, 사랑하는 사람이 죽었을 때 사망할 위험은 남자가 여자보다 높은 것 같다. 어째서 이런 성별 차이가 나타나는 것일까? 남성에게는 사랑하는 여인이 자신의 비밀을 털어놓을 인생의 유일한 친구이기 때문일 수도 있다(여성은 조금 더 폭넓은 대인관계를 유지할 때가 많다). 어쩌면 세상을 떠난 연인이 남자의 건강을 챙겨주던 유일한 사람이었을 수도 있다. 건강을 신경 써주던 유일한 사람이 떠났으니 남자에게는 그를 돌봐줄 사람이 없어진 것이다.

배우자나 연인이 자살로 생을 마감한 사람은 사망 위험이 커지는데, 남은 사람 역시 자살할 가능성이 크다. 이런 사람들은 특히 관심을 기울여야 한다. 건강 전문가로서, 사별한 사람의 가족이나 친구로서 우리는 언제라도 그 사람들을 도울 준비가 되어 있어야 한다. 사랑하는 이의 자살을 경험한 사람들은 그저 신체 기능에 문제가 생기는 것으로 끝나지 않는다. 그 사람들에게는 짙은 암흑이 생기는데, 그들의 심장과 영혼은 그 암흑을 감당하지 못한다.

상실감이 유발하는 스트레스

몸이 비통함에 반응하는 방법은 꾸준히 연구되었다. 콩팥 위에 있는 부신이라는 작은 분비샘에서 만들어지는 코르티솔은 가장 강력한 스트레스 호르몬이다. 스트레스를 느끼면 뇌의 시상하부는 부신에 코르티솔을 분비하라는 신호를 보내고, 코르티솔은 우리 몸이 싸울 준비를 하게 한다. 코르티솔이 분비되면 언제라도 도망갈 수 있는 에너지를 확보하려고 간이나 근육세포처럼 포도당을 저장하는 곳에서 포도당을 혈관으로 방출한다. 코르티솔은 면역계도 바꾼다. 이는 부분적으로 이로운데, 코르티솔이 질병의 원인인 염증을 억제하기 때문이다. 하지만 코르티솔은 감염에 서항하는 인체 기능을 떨어뜨릴 수도 있다. 가까운 사람을 잃은 사람들은 6개월 정도까지 높아진 코르티솔 수치가 낮아지지 않을 수 있다. 6개월이나 몸이 감염에 맞서 싸울 수 없게 되는 것이다. 코르티솔은 에너지의 저장을 막고 상처가 낫지 않게 한다. 코르티솔은 몸이 스트레스를 감당하려면 반드시 있어야 하는 물질이지만, 코르티솔을 가지고 너무나 오랫동안 몸을 채찍질하면 결국 내가 아프고 만다.

사랑하는 사람을 잃고 슬퍼할 때는 뇌가 몸이 제대로 잠을 자지 못하게 하므로, 면역계가 흐트러지고 질병과 싸울 힘이 약해진다. 특히 애도 기간에는 심장이 취약해진다. 슬픔에 빠진 사람들은 심장이 빨리 뛰고 혈압이 높아지고 맥박이 불규칙해지는데, 이 모든 증상은 심장에 스트레스를 준다. 혈액도 쉽게 응고될 수 있어 사랑하는 사람을 잃은 사람은 동맥이 막힐 가능성이 커진다. 특히 이미 동맥에 문제가 있던 사람에게는 심각한 문제가 생길 수 있다.

스트레스와 감염, 상처의 위협에 우리 몸이 반응하는 많은 방식은 아주 중요하다. 이는 오랫동안 우리의 목숨을 살리기 위해 몸이 진화해온 결과다. 문제는 그 반응들이 문제를 일으킬 때가 있다는 것인데, 특히 그 반응들을 제대로 점검하지 않고 내버려둘 때 문제가 생긴다. 늙고 연약한 심장이 다량의 호르몬을 만나고 혈압이 바뀌면 정말로 고통스러울 수 있다. 나이나 성 때문에 심장이 취약해진 사람이 사랑하는 사람을 잃게 되면, 실제로 부서진 심장 때문에 죽을 수 있다.

부서지는 관계, 부서지는 심장

이제부터 내 이야기를 하려 한다. 정말로 소중했던 관계가 끝났을 때 나는 온몸이 부서질 것 같았다. 많은 시간을 울고 말하고 울고 말하며 보냈다. 정말로 끔찍한 시간이었다. 나는 연인이자 가장 친한 친구를 잃었을 뿐 아니라, 우리가 함께했던 행복한 기억도 모두 잃은 것만 같았다. 나를 덮친 새로운 고통은 행복했던 기억들을 훼손해버렸다. 친구에게 그런 내 감정을 이야기하면서 아름다운 기억을 모두 잃어서 슬프다고 말했던 기억이 난다. 그 친구와 나는 사랑하는 사람이 죽었을 때는 아름다운 기억이 훼손되지 않을 거라고 했다. 고인과 함께한 추억은 언제나 아름답고 행복한 기억으로 남을 테니까.

그런 상황에서 많은 사람이 그렇듯이, 내 심장은 부서졌고 내 몸도 그리 온전하지 못했다. 나는 잠을 자지 않았다. 아니 잘 수 없었다. 깜빡 졸았다가 깨었을 때 혼자 있지 않도록, 돈 드레이퍼와 그의 사회부적응자 동료들이 나를 맞이할 수 있도록 노트북에 계속 〈매드맨〉을 틀어놓았다. 식욕이 사라져 점점 마르고 수척해졌다. 옷은 헐렁해졌고 머리카락은 푸석해졌다. 내 몸은 영양실조 상태였고, 아드레날린이 마를 날이 없었다. 심장이 심하게 다쳐 내 몸의 나머지 부분도 무너져 내렸다.

이혼하거나 고등학교 때부터 사귄 남자친구와 헤어지는 등의 이별이 영혼의 짝이 죽어가는 모습을 지켜보는 일과 완전히 같을 수는 없겠지만, 그런 이별도 우리의 몸과 마음에 엄청난 위력을 가한다. 의과학은 자기공명영상Magnetic Resonance Imaging, MRI 장치를 이용해 뇌 사진 찍는 방법을 고안했다. 심지어 더 나은 방법도 개발했다. 특정 활동을 할 때 뇌가 활성화되는 부위를 찍을 수 있는 기능적 자기공명영상이라는 특별한 기술을 활용해, 초과 근무를 하는 뇌 영역과 가만히 쉬고 있는 뇌 영역을 확인하게 된 것이다. 뇌는 이별을 그다지 좋아하지 않는다. 굉장하지만 조금은 비열했던 한 연구에서는 최근에 이별하고 힘들어하는 사람들에게 헤어진 연인의 사진을 보여주는 실험을 했다. 연구자들은 어떤 결과를 얻었을까? 고통을 감지하는 뇌가 미친 듯이 활성화된다는 사실을 알았다. 그러니까 영원히 행복할 줄 알았던 관계가 쓰라린 관계로 바뀌면 정말로 고통을 느끼는 것이다.

요즘은 이혼하는 사람이 많다. 이혼이 인생에서 가장 심한 스트레스를 받는 사건 가운데 하나라는 사실을 잘 알 것이다. 그도 그럴 것이 이혼은 그저 두 사람의 관계가 끝나고 함께했던 사람을 잃는다는 의미가 아니기 때문이다. 이혼할 때는 아이들과 재산, 반려동물, 심지어 좋아하는 물건을 놓고 갈등한다. 또 이혼하기까지 엄청난 비용이 들기도 한다. 관계가 깨지면 스트레스가 여러 겹으로 쌓일 수 있는데, 사별을 이야기할 때 살펴본 것처럼 스트레스는 건강에 좋지 않다.

많은 과학자가 이혼이 건강에, 특히 심장에 미치는 영향을 알아보고 있다. 이혼 절차를 밟는 여성은 말 그대로 심장이 부서지기 쉬운 것 같다. 이혼한 뒤에도 남자와 여자를 비교했을 때 건강에 큰 문제가 생기는 쪽은 여자들이다. 더 많은 남자가 여자보다 더 빨리 재혼하는데, 재혼은 남자의 건강에 정서적으로나 육체적으로 도움을 준다. 일반적으로 여성은 결혼이 깨지면 정서적으로나 경제적으로 상당한 타격을 받는데, 그 상황은 황폐해진 현실에 더 큰 고통을 준다. 주변에 잘 먹고 술을 덜 마시라고 잔소리를 하는 사람이 없는 상황은 앞에서도 보았지만, 남자들의 건강에 도움이 되지 않는다. 혹시 당신이 잔소리쟁이라고 비난받는 여성이라면 반드시 기억해야 한다. 잔소리는 남자들의 건강에 좋다!

이혼한 여성에게 심장마비가 올 가능성은 결혼생활을 지속하고 있는 여자에 비해 1.29~1.39배 정도 높다. 남자도 마찬가지여서 이혼한 남자의 심장마비 발병 가능성은 결혼생활을 하는 남자보다 1.38배 높다. 그러나 남자의 경우, 시간이 흐르면 심장마비 발병 가능성이 결혼생활을 지속하는 남자들 수준으로 떨어진다. 정확하게 말하면, 이혼이 여자의 심장에 미치는 영향은 고혈압이나 흡연이 심장에 미치는 영향과 비슷하다.

이혼 절차를 밟고 있거나 이혼을 생각하는 사람들의 혈압 변화를 집중적으로 살펴본 연구가 두 건 있다. 두 연구에서 이별하고 아파하는 사람들의 혈압이 크게 높아진다는 결과가 나왔다. 이번에도 남자보다는 여자가 훨씬 극적으로 변했다. 높은 혈압은 심장과 혈관에 엄청난 스트레스를 준다. 심장에 문제를 일으키는 원인은 흡연이나 식습관 같은 전통 요인이 훨씬 많지만, 이혼도 실제로 심장을 부수는 새로운 원인으로 떠오르고 있다. 미국에서 환자 1만 6000명을 대상으로 진행한 연구는 상당히 끔찍한 추세를 발견했다. 이혼한 남자와 여자 모두 심장마비가 올 위험이 높아진 것이다. 이번에도 여자가 남자보다 훨씬 위험했는데, 특히 이혼한 지 얼마 되지 않는 여자들이 위험했다. 그런데 여자들에게 공평하지 않은 결과가 또 하나 있다. 여자들은 재혼한다고 해서 심장마비 발병 가능성이 줄어들지 않는다는 것이다. 남자들은 재혼할 경우 심장마비 발병률이 조금 줄어들었다. 당연히 이혼 횟수가 증가할수록 심장에 미치는 영향도 더 커졌다.

행복하고 지속적인 결혼생활은 모든 면에서 심장마비를 막는 상당히 좋은 방법이다. 결혼한 여자들은 담배도 덜 피우고 운동도 더 많이 하면서 심장을 보살피는 것 같다. 거주 공간이나 경제적 소득처럼 건강에 영향을 미치는 모든 요소를 고려하면, 결혼한 여자와 결혼하지 않은 여자의 심장마비 발병 비율은 비슷하지만, 장기적으로 보았을 때는 결혼한 여자들이 더 심장을 잘 관리한다. 결혼한 여자들은 심장마비가 온 뒤에 더 많이 살아남고 남은 인생도 더 잘 살아간다는 뜻이다. 그러나 결혼생활의 이점을 가장 많이 누리는 것은 남자들이다. 사실상 모든 연구에서 결혼한 남자들은 미혼 남자들보다 심장마비가 온 뒤에도 훨씬 잘 살았다.

심장마비만이 사랑하는 사람이 사망했거나 이별했을 때 심장이 겪어야 하는 유일한 문제는 아니다. **심방세동**atrial fibrillation은 심장이 불규칙하게 뛰는 부정맥 질환이다. 심방세동을 앓는 사람의 심장은 규칙적으로 고르게 뛰지 않고 불규칙적으로 미세하게 떨리면서 수축한다. 아주 흔한 질환인 심방세동은 심부전이나 규칙적으로 뛰지 않는 심방에 혈병이 생기는 등 다른 심장 문제를 유발할 수도 있다. 심장에 생긴 혈병은 뇌로 이동해 혈액 공급을 막아 뇌졸중을 일으키기도 한다.

사랑하는 사람을 잃으면 그렇지 않은 사람에 비해 심방세동이 올 가능성이 약 1.5배 증가한다. 나이가 어릴수록 심방세동에 취약하며 연인이 사망한 뒤로 약 1년간 발병 위험이 사라지지 않는다. 심장마비, 감염, 외상 같은 다른 건강 문제처럼 신체는 스트레스에도 신경계와 호르몬계(아드레날린과 교감신경계를 포함한)를 활성화해 반응한다. 이런 반응 방식은 그 자체로 심방세동의 원인이 된다.

이별을 경험한 심장이 그저 슬픈 감정을 느끼는 것으로 끝나지 않는 이유는 배우자가 죽었을 때 일정한 증상이 생기는 이유와 비슷하다. 수면과 혈압에 문제를 일으키는 코르티솔 같은 호르몬은 "당신 때문이 아니야. 나 때문에 우리가 헤어지는 거야" 같은 말을 들을 때 분비된다. 몸에서 문제를 일으키는 과정들은 우리가 비통함을 극복할 때까지 그냥 몸에 머무는 것이 아니라, 어느 정도 지속되는 건강 문제를 일으키는 것 같다. 맞다, 아주 우울한 이야기다. 결혼하지 않고 혼자 사는 중년 여성이 되는 것이 훨씬 나은 선택처럼 생각될 정도로 말이다.

부서진 심장 때문에 죽을 수 있을까?

결론만 말하자면, 그럴 수 있다. 극도로 스트레스를 받는 상황에서 분비되는 아드레날린의 독성 작용에서부터 부서진 심장 때문에 생기는 신체 증상까지, 마음과 심장은 정말로 연결되어 있다. 조금 덜 솔직하게 말해보자면, 부서진 심장 때문에 우리가 언제나 죽는 것은 아니지만 분명히 육체 건강에는 나쁜 영향을 미친다. 신체는 다량의 호르몬과 신경 반응을 일으켜 우리가 생존할 수 있도록 싸울 준비를 하며 궁극적으로 우리를 도우려 하지만, 신경계와 호르몬계의 작용이 너무 오래 지속되면 실제로 심장에 무리가 간다. 살다 보면 힘든 시기는 분명히 오게 마련이다. 그렇다면 우리를 보호할 방법이 있기는 한 걸까?

글쎄, 사랑을 전혀 하지 않는 것이 방법이지 않나 싶지만, 그런 인생이 즐거울까? 우리는 결혼생활과 사랑하는 사람과 맺는 관계가 우리를 보호해준다는 사실을 안다. 단지 건강만이 아니다. 사랑이 함께할 때 인생은 근사해지지 않나? 사람들은 위대한 보상을 위해 위험을 무릅쓸 때 훨씬 행복한 것 같다. 물론 힘든 시기를 대비해 몸과 마음의 회복력을 구축해두는 것이 행복한 인생을 살기 위한 보험증권이 되지 않을까?

2장

스트레스에 지친 심장

스트레스의 주범은 현실이다!

작가, 코미디언, 배우

릴리 톰린

"당신 그러다 심장마비 걸리겠어."

내가 아주 어렸을 때, 아빠가 흥분하시면 엄마는 그렇게 말씀하시곤 했다. 아빠는 화를 잘 내는 분이었는데, 나와 내 동생이 말썽을 부릴 때 특히 그랬다. 아빠가 우리가 잘못한 점이 무엇인지를 알려준 뒤에는 꼭 엄마가 나서서 아빠는 직장에서 스트레스를 많이 받으신다고, 우리가 집에서까지 스트레스를 주는 건 옳지 않은 일이라고 거드셨다. 엄마 말에 따르면, 우리 때문에 아빠가 '심장마비'에 걸릴 수 있다는 거였다.

모든 걸 잘 아는 여덟 살 꼬마였지만, 우리가 산악용 자전거를 망가뜨리면 아빠가 심장마비에 걸릴 수 있다는 엄마의 말은 도무지

믿어지지 않았다. 그건 너무 신파적이라고 생각했다. 그래도 나 때문에 아빠가 쓰러지는 건 원치 않았다. 누구나 몸이 아픈 사람에게는 스트레스를 주지 말라고 했다. 스트레스는 몸, 심장, 머리에 나쁜 영향을 미친다고 했다. 내 주변 어른들 모두가 정말로 스트레스를 받고 지치면 몸이 망가질 수 있다고 했으니 나는 그 말은 진실임이 분명하다고 생각했다.

스트레스의 생리학

누구나 스트레스를 받는다. 다른 사람보다 자주 받는 사람도 있고 다른 사람보다 훨씬 심하게 받는 사람도 있다. 언제 마지막으로 스트레스를 받았는지 생각해보자. 어쩌면 일터에서, 어쩌면 어딘가에서 줄을 서고 있다가, 어쩌면 약속 시간에 이미 늦어버린 뒤에 건널목 앞에서 정지 신호를 본 순간 스트레스를 받았을 수도 있다. 지금 바로 그때의 상황에 처했다고 생각해보자. 당신의 몸은 어떻게 반응할까? 맥박은 어떤 식으로 뛸까? 혹시 가슴이 조이는 느낌은 들지 않는가? 어쩌면 두통이 올지도 모른다. 그 순간에 느끼는 분노, 공포, 두려움, 좌절, 당혹스러움 같은 불쾌한 감정은 스트레스와 관계가 있는지도 모른다. 감정은 뇌의 기능과 성격, 세상을 보는 시선이 만들지만 우리 몸은 그 느낌에서 벗어날 수 없다.

내가 심장을 볼 때, 심장의 주인은 깊은 마취 상태에 있다. 수술할 수 있도록 마취하기 전에 심장의 주인은 맥박, 혈압, 뇌파 등을 살펴볼 많은 전자 기기에 연결되어야 한다. 나는 이동 침대에 누워 엄청난 사건이 기다리는 수술실로 향하는 동안 심장의 주인이 받았을 엄청난 스트레스를 온전히 상상하기 어렵다.

마취되는 동안 나는 모니터에 나타난 환자의 맥박과 혈압을 지켜본다. 환자가 말하지 않아도 우리는 누가 불안해하고 있는지 알 수 있다. 심장 박동을 나타내는 녹색 선은 화면을 빠르게 메우고 혈압을 나타내는 붉은 선은 높은 숫자를 나타낸다. 환자의 마음과 심장은 이제 곧 받게 될 수술을 느끼고 그에 반응한다. 마취과 의사들 덕분에 환자가 스르르 잠이 들면, 먼저 마음이 긴장을 풀고 그 뒤를 심장이 쫓아간다. 녹색 선은 느려지고 밝은 빨간색으로 깜빡이던 혈압 수치도 정상으로 내려간다. 스트레스가 환자의 손을 떠나 우리 손에 넘어오는 동안 환자의 심장은 안도의 한숨을 내쉰다.

바버라 이야기

수술을 앞두고 엄청나게 스트레스를 받았던 한 환자를 기억한다. 그녀의 이름은 바버라였고, 수술하기 몇 주 전까지만 해도 건강에 아무 문제가 없다고 생각했다. 바버라는 사실 아플 시간이 없었다. 아픈 남편을 온종일 돌봐야 했기 때문이다. 가슴에서 느껴지던 미약한 통증을 무시하며 2주일을 버틴 뒤에야 바버라는 결국 항복하고 의사를 만났다. 구급차에 실려온 바버라의 병명은 심장마비였고, 수술해야 한다는 진단을 받았다.

수술을 기다리는 환자들은 대부분 가슴에 이상 징후를 경고해줄 심장 모니터에 연결된 전선을 달고 있다. 바버라는 수술 때문에, 남편 때문에, 그녀의 미래 때문에 매우 초조했다. 수술 전날 우리는 바버라의 병실에 앉아 대화했는데, 그때 흘긋 쳐다본 심장 모니터는 그녀의 맥박이 치솟고 있음을 말해주었다. 바버라는 땀을 흘리기 시작했고, 이제 곧 받아야 하는 엄청난 수술에 관해 질문하는 그녀의 목소리는 바르르 떨렸다. 눈물을 펑펑 쏟은 바버라는 정말 무섭다는 말을 여러 번 했다.

스트레스가 심해지면서 바버라의 맥박과 혈압도 계속해서 올라갔다. 잠시 입을 다문 바버라는 "정말로 몸이 안 좋은 것 같아요"라고 했다. 자신의 병과 수술에 대한 불안과 심리적 스트레스가 정말로 그녀의 심장에 육체적 스트레스를 주었다. 우리는 상담을 멈추고 바버라의 심장을 구할 수 있는 모든 조치를 했다. 진통제와 꽉 조인 혈관을 이완해주고 심장 박동을 느리게 만들 약을 투여했다. 스트레스가 바버라의 취약한 심장에 압박을 가해서 불러올 위험한 결과를 직접적으로 차단할 조치들이었다. 바버라의 마음이 안정을 찾자 심장도 곧 안정을 되찾았다.

조심스럽게 대화를 마치고 병실에서 나오려고 할 때, 바버라가 눈물을 흘리며 나를 꼭 끌어안고 수술을 잘 부탁한다고 했다. 그녀의 수술은 정말로 잘되었고 닷새 후 바버라는 다시 남편 곁으로 무사히 돌아갔다. 바버라가 느꼈던 심적 스트레스는 심장에 엄청난 압력을 가하며, 우리의 몸과 마음이 아주 밀접하게 연결되어 있음을 알려주었다.

마음과 몸의 스트레스

나는 스트레스를 받으면 어깨가 단단해지면서 귀 쪽으로 올라간다. 또 입을 앙다물고 이를 간다. 이마에 주름이 지고, 스트레스를 받는 시간이 길어지면 얼굴이 굳고 턱이 아프면서 두통이 시작된다. 누가 내 가슴 한가운데를 직접 미는 것처럼 가슴이 조이고 숨이 가빠진다. 이때 심장에 주의를 기울이면, 심장이 나쁜 감정을 몰아내려는 듯 격렬하고 빠르게 뛴다는 걸 알 수 있다. 스트레스가 사라지면 마치 마라톤을 한 것처럼 실제로 몸이 피곤하고 기진맥진해진다.

나쁜 감정들을 상상하거나 실제로 느낄 때 몸에서 나타나는 반응을 주의 깊게 살펴보면 정서적 스트레스가 신체 건강에 영향을 미치고, 심지어 해를 준다는 것을 분명히 알 수 있다. 스트레스의 요인들이 질병을 일으킨다는 사실이 의학계에 알려지기 전부터 의사와 간호사는 어떤 종류든 이미 지치고 병든 몸에 스트레스를 가해 피곤하게 만들면 곤란하다는 사실을 알고 있었다. 뚜렷한 이유는 없지만, 사람들은 막 심장마비를 경험한 사람에게 부담 주는 일은 옳지 않다고 생각한다. 심장마비로 고통받는 사람을 침대에 눕히고, 회복되어가는 심장이 흥분하지 않도록 가족들은 세상 문제를 이야기하거나 환자를 걱정할 때 아주 작은 목소리로 속삭인다.

오랫동안 사람들은 심장 질환에 잘 걸리는 특정 성격이 있다고 생각했다. 1930년대에 의사와 과학자는 정신 질환으로 치료받은 사람이 그렇지 않은 사람보다 심장 질환으로 사망할 가능성이 크다는 사실을 발견했다. 우울증이나 조울증 같은 정신 질환을 다룬 다른 연구에서도 같은 결과를 확인했다. 이런 관찰 결과가 나오자 사람들은 성격 유형을 심장 질환과 연결했고, 분노, 적의, 절망의 감정을 잘 느끼는 사람은 심장마비나 심장 질환에 걸릴 가능성이 크다고 생각했다.

1930년대부터 과학자들은 스트레스를 건강을 공격하는 불쾌한 작은 괴물로 규정하고 광범위하게 연구했다. 어렸을 때나 성인이 된 뒤에 경험하는 만성 스트레스는 심장 질환 발생률을 60퍼센트까지 높인다. 다양한 체형을 가진 200명이 있다면, 그 가운데 100명은 행복한 삶을 살면서 심각한 스트레스를 경험하지 않는다고 한다. 곧 나머지 100명은 조금 힘든 삶을 살면서 심각한 스트레스를 경험한다. 스트레스를 경험하지 않는 100명 가운데 심장 질환에 걸리는 사람은 30~50명 정도고, 스트레스를 경험하는 100명 가운데 심장 질환에 걸리는 사람은 60명쯤 된다.

스트레스 때문에 생기는 질병은 심장 질환만이 아니다. 오랜 근무 시간과 뇌졸중, 심장마비의 관계를 알아보려고 수천 명을 대상으로 진행한 대규모 연구에서 초과 근무하는 사람들의 뇌졸중 발병률이 높다는 사실이 밝혀졌다. 스트레스는 뇌에 문제를 일으킬 수 있고, 뇌에 문제가 생기면 미묘한 호르몬 균형이 깨져 당뇨와 같은 질병에 더 취약해진다.

그렇다면 어떤 스트레스가 사람을 아프게 할까? 아침에 커피를 사려고 줄 서는 일은 짜증이 날 수 있지만, 건강과 평온을 해칠 정도로 위험한 스트레스는 아니다. 하지만 일에서 받는 스트레스, 외로움, 사별, 재정 압박 같은 스트레스는 신체 건강에 영향을 미친다. 살아가면서 겪는 온갖 고난이 건강을 해치는 스트레스를 유발한다.

스트레스가 그렇게 나쁜 거라면 할 수 있는 모든 방법을 동원해 스트레스를 관리하면 되지 않을까? 흡연은 분명히 스트레스 해소에 좋다. 초콜릿을 먹거나 술을 한두 잔 마시는 것도 마찬가지다. 나는 내 심장을 위해 최대한 스트레스를 줄이고 싶지만, 상황은 마음먹은 대로 흘러가지 않는다. 특정 질병을 유발하는 위험 인자들 가운데 일관적으로 쉽게 병을 유발하는 인자도 있고, 그렇지 않은 인자도 있다. 위험 인자마다 미치는 '영향력'이 다른 것이다. 심장 질환에 흡연이 끼치는 영향력은 아주 강력하다. 그에 반해 스트레스는 심장 질환에 미치는 영향력이 일관적이지 않아서 몸이 스트레스에 얼마나 강력하게 반응하는지 알지 못한다.

스트레스는 삶에 반드시 필요하다. 스트레스가 없다면 우리는 더 발전하거나 변화하지 못할 것이다. 어떤 의미에서 스트레스는 운동으로 몸에 '스트레스를 가하면' 근육이 생기는 것과 비슷하다. 솔직히 나는 나에게 가해지는 압력을 사랑한다. 압력은 나를 재촉하고 나를 밀어 올려 더 잘할 수 있게 해준다. 우리는 끊임없이 스트레스를 받으며 살아간다. 스트레스가 너무 적으면 자기만족에 빠지거나 게을러질 수 있고, 스트레스가 너무 많으면 육체적으로나 정신적으로 우리가 해야 할 일을 하지 못할 수 있다.

적정한 수준의 심리적 스트레스는 우리에게 도움을 준다. 고난이 없는 삶을 살아왔다면 살면서 반드시 만나는 힘든 시간을 견디게 할 회복력을 갖출 수 없다. 너무 적은 스트레스는 심리 도구를 개발하지 못하게 하고, 너무 많은 스트레스는 우리를 내리누르기 때문에 우리는 스트레스의 양을 적절하게 조절해야 한다.

심장 수술은 매우 어렵다. 정말로 스트레스를 유발하는 위험 인자일 수 있다. 환자뿐 아니라 수술하는 사람들에게도 마찬가지다. 다행히 나는 보통 사람들보다 스트레스에 강하다. 언젠가 자선 행사에서 사회를 본 적이 있는데, 그 행사를 기획한 사람들은 내가 전문 진행자가 아니기에 사람들 앞에 서면 스트레스를 받을 거라며 걱정했다. 그때 그 사람들에게 웃으면서 이렇게 말했다. "음, 괜찮아요. 내가 실수해도 죽는 사람은 없을 거 아니에요." 그 말에 모든 사람이 웃었지만, 사실 말하고 싶었던 건 나는 다른 사람들처럼 스트레스를 크게 받는 사람이 아니고, 특히 내가 늘 하는 일이 아닌 다른 일을 할 때도 그다지 스트레스를 받지 않는다는 점이다. 스트레스를 받아도 충분히 회복될 수 있는 능력은 나와 같은 분야에서 일하는 사람에게는 아주 중요한 자질이다. 의사들은 말 그대로 자신의 손으로 생명을 다루고 엄청난 책임을 어깨에 짊어지고 있다. 그 모든 순간에 사람들이 나에게 주는 신뢰에 감사한다.

나는 스트레스를 비교적 무리 없이 조절하는 편이지만, 예외적인 상황이 있었다. 한번은 정말로 힘든 일주일을 보내야 했다. 그 주는 환자의 죽음과 함께 시작되었다. 이미 상태가 좋지 않았고 그리 오래 버티지 못하리라 예상했지만, 환자의 죽음에 나는 너무나 괴로웠다. 그날 이후에도 위로받을 수 있는 일은 일어나지 않았다. 그 주에 심장 수술을 몇 건 했고, 머리카락같이 얇은 봉합사를 한 땀 한 땀 정확한 위치에 넣으면서 모든 환자가 무사히 수술받을 수 있도록 노력했지만, 수술 중에 혹은 회복기에 합병증이 온 환자도 있었다. 그 일주일은 너무 많은 걱정과 환자들의 가족과 동료들과의

긴 대화로 가득 차 있었다. 일주일의 마지막 날에는 한 환자의 상태가 나빠져 수술이 제대로 진행되었는지를 확인해야 했다. 그때의 두려움은 지금도 생생하다. 나는 내가 정말로 그 환자를 위태롭게 만든 것은 아닌지 고민해야 했고, 그 환자를 치료한 모든 순간을 세세하게 되짚어야 했다.

일요일 오전에 나올 조사 결과를 기다리면서 나는 '이번 주는 정말 힘든 일이 많구나'라고 생각했다. 정말로 고된 한 주였다. 많은 일과 긴 시간이 내가 비축해놓은 힘을 모두 소진시켰다. 나는 스트레스가 유발하는 부정적인 영향력에 휘둘리기 시작했다. 피곤했고 기분이 언짢았다. 운동할 여력도 없었고 나를 위해 무언가를 할 기력도 없었다. 머리는 심하게 울렸고 설탕이 든 음식을 미친 듯이 먹어댔다. 힘을 내려고 노력하기에는 너무나도 지쳐 있었다. 다행히 환자의 검사 결과는 좋게 나왔고 수술은 성공적이었다. 환자는 느리지만 꾸준히 회복했고, 나도 그 주의 여파에서 천천히 벗어났다.

스트레스 작동 방식

스트레스는 전혀 다른 두 가지 방식으로 문제를 일으킨다. 첫째, 운동하지 않고 비스킷을 먹는 등 건강에 좋지 않은 선택을 하게 할 가능성을 높인다. 둘째, 직접적으로 몸을 해친다. 이 방식은 아주 매혹적이라고 생각한다. 장기간의 스트레스가 결국 심장마비를 부르다니, 정말 커다란 도약인 것 같다.

자, 이제 방정식의 더 흥미로운 측면을 살펴보자. 많은 일이 그렇듯이, 스트레스가 몸에 미치는 영향을 엄밀하게 과학적인 방법으로 측정하기는 쉽지 않다. 비윤리적일 뿐 아니라 수많은 사람에게 심장마비가 올 때까지 스트레스를 가하는 것은 불가능하다. 따라서 두 번째로 과학적인 방법에 의존할 수밖에 없다. 동물 연구나 관찰 연구를 살펴보는 것이다. 동물 연구가 무엇인지는 설명하지 않아도 알 것이다. 관찰 연구는 한 사람의 인생을 크게 흐트러뜨리지 않고 진행할 수 있다. 결과가 나온 사람들, 다시 말해 심장마비가 온 사람들을 관찰한다. 그중 스트레스를 많이 받은 사람, 담배 피우는 사람, 빨간색 신발을 신은 사람들을 구별하고, 각 집단에서 심장 질환이 증가하는지(또는 감소하는지)를 살펴본다. 빨간색 신발을 신은 사람이 검은색 신발을 신은 사람보다 심장마비가 더 많이 왔다면, 빨간색 신발을 신는 것이 심장에 나쁜 영향을 미치는 위험 요소거나 심장마비가 빨간색 신발과 관계있다는 결론을 내릴 수 있다. 물론 완벽한 방법은 아니지만, 관찰 연구는 때때로 우리가 사용할 수 있는 가장 쓸 만한 도구다.

스트레스에 관한 한 우리는 사회적 스트레스와 심장병의 관계를 살펴볼 수 있다. 둘 사이의 관계를 살펴보는 일은 흥미롭다. 왜냐하면 사람뿐 아니라 원숭이 같은 영장류도 인류와 비슷한 사회규범과 사회구조를 이루고 서로 밀접하게 관계를 맺으며 살아가기 때문이다. 사회적 스트레스를 받는 원숭이는 스트레스를 잘 다루는 원숭이보다 심장 동맥이 더 빠른 속도로 막혔다. 코르티솔 같은 스트레스 호르몬이 분비되면서 몸에 지방도 더 많이 쌓였다. 스트레스를 받으면 분비되는 여러 호르몬 때문에 저밀도지질단백질Low Density

Lipoprotein, LDL이라는 '나쁜 콜레스테롤'도 몸에 더 많이 쌓였고, 심장과 연결된 혈관을 비롯해 여러 혈관의 내벽을 이루는 세포에서 염증 반응도 증가했다.

지속적으로 스트레스를 받으면 **대사증후군**이 생길 수 있다. 대사증후군은 복부 비만, 고혈압, 고혈당, 혈중 트리글리세라이드(혈액에 쌓일 수 있는 또 다른 '나쁜' 콜레스테롤 지방) 수치 증가, 고밀도지질단백질High-Density Lipoprotein, HDL이라고 하는 '좋은' 콜레스테롤 감소 증상이나 질환이 나타나는 질병이다. 대사증후군의 모든 증상이 합쳐졌을 때는 우리 몸을 공격해 질병을 유발한다는 사실을 생각하면, 대사증후군은 심장 질환과 뇌졸중의 직접적인 전조라 할 수 있다.

고혈압은 혈관, 심장, 뇌를 직접 공격한다. 어떤 사람이나 특정 상황 때문에 '혈압이 오를 정도로' 화가 난다고 표현할 때, 그것은 육체적으로 옳은 말이다. 화가 나거나 외롭거나 스트레스를 받으면 실제로 혈압이 올라간다. 그런 일시적인 혈압 증가가 영구적인 고혈압으로 변할 수 있는지 아직은 확신할 수 없다. 하지만 흥분하는 횟수가 잦은 사람이 그렇지 않은 사람보다 고혈압에 걸릴 가능성은 더 커 보인다.

심장마비가 온 뒤에 회복되는 정도에 관해서는 감정 상태가 회복에 영향을 미치는 것 같다고만 말하겠다. 저조한 기분은 아픈 심장에 도움이 되지 않는다. 심장마비가 온 뒤에는 일반적으로 우울증이 생기는데, 그 가운데 20퍼센트는 치료받아야 할 정도로 심각한 임상우울증이고, 25퍼센트는 조금 더 가벼운 우울증이다. 우울증이 생긴 환자는 심장 질환으로 사망할 가능성이 조금 더 크다. 임상

우울증은 일상에서 받는 스트레스와는 다르지만, 너무 많은 부담은 심장 회복에 좋지 않다는 사실을 보여준다. 일이나 재정 상태 때문에 지속적으로 스트레스를 받으면 아픈 뒤에 회복하려고 노력하는 사람에게 나쁜 영향을 미친다.

그런데 흥미로운 사실이 있다. 사람마다 스트레스에 다르게 반응한다는 것이다. 두 사람에게 같은 스트레스를 주어도(예를 들어 똑같이 야근을 시켜도), 어떤 사람은 의욕적으로 일하지만 어떤 사람은 그 상황을 끔찍하게 여긴다. 무슨 일이든 심장에 적절할 정도로 받아들이는 사람과 그렇지 않은 사람을 비교할 때, 누가 힘든 일에서 더 빠르게 회복될지는 오래 생각하지 않아도 알 수 있다. 감정뿐 아니라 신체의 차원에서도 사람마다 질병을 유발하는 스트레스에 반응하는 방식이 다르다. 눈 하나 깜짝하지 않는 사람도 있지만 아주 빠른 속도로 심장이나 혈관이 반응해 심장마비 같은 문제가 생길 가능성이 큰 사람도 있다.

저마다 스트레스에 반응하는 방식이 같지 않을 뿐 아니라 동일하게 측정된 스트레스를 가하고 그 반응을 살펴볼 수 없기 때문에, 상황을 복잡하게 하는 또 다른 요인이 존재할 가능성이 크다. 스트레스에 반응하는 사람들의 차이가 중요한 역할을 하는 것은 바로 이 지점이다. 그 반응은 스트레스를 받았기 때문에 나타나는 직접적인 결과일까, 아니면 다 먹어버린 도넛을 처리해야 하기에 나타나는 것일까? 만성 스트레스는 운동하기 어렵게 만들고, 운동은 심장 질환을 막기 때문에 중요하다. 심장 질환처럼 복잡한 문제를 일으키는 다양한 원인을 알아내는 일은 정말로 어렵다.

스트레스와 심장의 관계

- 오래 스트레스를 받으면 심장 질환의 발병 가능성이 분명히 커진다.
- 스트레스가 심장 질환 발병률을 높이는 이유를 스트레스가 호르몬 같은 몸의 기능에 직접적으로 영향을 미치기 때문이라고 단언할 수는 없다.
- 스트레스는 몸의 내부 작용이나 행동 반응(식습관, 운동 부족, 흡연)을 바꾸어 심장에 문제를 일으킬 수 있다.
- 정서적 스트레스는 심장 질환에 걸릴 가능성이 큰 사람들에게 위험한 영향을 미치고, 이미 심장마비가 온 사람들이 회복하지 못하게 방해한다.
- 사람마다 육체적으로나 정신적으로 스트레스에 반응하는 정도가 다르다.

스트레스는 어디에서 오는가?

현대사회에는 어마어마하게 많은 스트레스 요인이 사방에 있다. 누구든 붙잡고 물어보면 다양한 이유로 상당한 스트레스를 받고 있다고 한다. 살면서 가장 많이 받는 스트레스 요인은 배우자나 가족의 죽음, 이혼, 결별, 이사, 해고 등이다. 이는 기존 삶을 완전히 뒤집을 수 있는 큰 사건들이다. 많은 사람에게 일도 아주 큰 스트레스의 원인이다. 아주 오래 일하는 것뿐 아니라 스마트폰 때문에 언제나 '일해야' 하는 상황도 많은 사람에게 스트레스를 준다.

소셜 미디어는 뛰어난 장점도 있지만, 실제로 스트레스를 유발하고 스트레스를 적절하게 관리할 수 있는 능력을 저해한다. 늦은 밤까지 잠들지 않은 채 타인이 보낸 메시지를 읽고, 이런저런 사이트를 돌아다니며, 자기 인생을 다른 사람의 인생과 비교하고 있는가? 우리는 잠을 줄이고 타인과의 실제 상호작용도 줄인 채 더 많은 시간을 다른 사람과 비교하면서 보낸다. 숙면하지 못해 피곤한 당신은 스트레스를 물리칠 능력이 저하되고, 결국 질병에 걸릴 가능성이 커진다.

마음챙김, 요가, 스트레스 해방 전략

내 인생도 종종 스트레스로 가득 차 있을 때가 있다. 친구들에게 지금 스트레스를 많이 받고 있다고 말하면, 요가를 하거나 달려보거나 샌드백을 치거나 명상하라는 등 스트레스를 없앤다고 알려진 다양한 방법을 조언해줄 것이다.

나는 내가 언제 스트레스를 받는지 안다. 가슴이 조이고 이를 악물고 끔찍한 두통이 느껴졌을 때가 내가 스트레스를 받는 때다. 하지만 장기간에 걸쳐 쌓이는 스트레스는 발견하기 어렵다. 의대에 다닐 때 나는 녹초가 되기 직전까지 공부했다. 해마다 시험이 끝나는 날이면 독감에 걸렸다. 독감은 내 몸이 지금까지 잘해왔고 이제는 충분하다는 의사를 전달하는 방식이었다.

내 몸이 스트레스를 받고 있음을 알리는 또 다른 방식은 심각할 정도로 잠을 못 자거나 너무 많이 자는 것이다. 그런 신호는 쉽게 포착하기 어려워서 몸을 돌볼 조치를 제대로 취하기 어렵다. 몸을 제대로 돌볼 수가 없는 이유는 바쁘기 때문일 수도 있고, 자기 몸이 보내는 신호를 부인하기 때문일 수도 있다. 여기서는 '이것도 결국 지나가리라'는 태도가 큰 역할을 한다. 하지만 분명히 존재하는 문제를 무시하는 것은 좋은 생각이 아니다.

마음챙김mindfulness 수련은 내가 선호하는 스트레스 완화법이다. 마음챙김 수련은 존재와 관찰에 중점을 두고, 육체적으로나 정신적으로 자신을 받아들이는 법을 익히게 한다. 숨 쉬는 자신을 느끼고 달리는 자동차 소리에 집중하는 등 내부와 외부에서 경험하는 일에 주의를 기울이게 한다. 그저 방석에 앉아 찬가를 읊조리는 것이 아니라 삶의 모든 순간에 적용할 수 있는 기술이다. 걸을 때도 먹을 때도 일할 때도 마음챙김 수련을 하면 많은 것을 배울 수 있다.

마음챙김 수련은 스트레스를 줄이기 때문에 질병 예방에 도움을 주고, 이미 있는 질병과 싸울 힘을 주는 등 건강에 실질적으로 기여한다. 특히 스트레스를 줄이는 마음챙김 프로그램은 몸과 마음이 스트레스와 싸울 장비를 갖게 한다. 마음챙김은 고통의 증상도 완화한다. 마음챙김 수련이 만성 통증, 우울증, 불안에 미치는 영향을 살펴본 연구 대부분에서 실제로 마음챙김이 건강에 유익하다는 결과가 나왔다.

이미 아픈 심장에 스트레스를 주면 쉽게 치유되지 않는다. 마음챙김 수련은 아픈 심장이 낫는 데도 도움이 된다. 심부전(심장 근육이 손상되어 혈액을 몸에 공급하지 못하는 질환) 환자가 마음챙김 수련을 하면 불안과 우울증으로 생긴 증상이 크게 완화된다는 연구 결과가 있다. 실제로 마음챙김 수련을 한 사람들은 그렇지 않은 사람보다 차후 1년간 '갑자기 화를 내는' 경우도 덜 했고, 병원에 입원하는 횟수도 적었다. 다른 형식의 스트레스와 마찬가지로 심부전 같은 만성질환을 앓고 있는 경우에 몸은 더 많은 일을 하고, 투쟁-도피 반응을 담당하는 기관이 특히 활발하게 활동한다. 스트레스를 줄이는 마음챙김 프로그램은 아픈 심장을 공격하는 호르몬이나 신경 신호를 줄이거나 끄는 역할을 한다.

마음챙김 수련은 심장 질환이나 그에 수반되는 고혈압 같은 질병을 막는 데 효과적이다. 또한 나이에 상관없이 혈압과 맥박을 낮추는 데 효과적이다. 고혈압이나 끊임없이 빠르게 뛰는 심장은 필요 이상으로 심장을 혹사하기 때문에, 이 두 가지 상태를 낮출 수만 있다면 심장 건강에 크게 도움이 된다.

과학자들은 요가에 휴식을 취하는 효과뿐 아니라 신체 건강과 심장과 폐의 기능을 강화하는 능력이 있는지도 함께 연구한다. 강아지가 기지개를 켜는 동작(요가 용어로는 다운워드 도그downward dog)을 좋아하는 사람들에게 하고 싶은 말은, 요가는 혈압을 낮출 뿐 아니라 좋은 콜레스테롤과 나쁜 콜레스테롤 수치도 개선한다는 것이다. 요가를 하면 적정 체중을 유지할 수 있다. 요가는 아주 독특한 운동인데, 실제로 육체 활동을 할 뿐 아니라 심리적 스트레스를 관리하고 불안을 줄이는 영적, 정신적인 훈련도 함께 할 수 있다.

심장에 유익하고, 몸을 건강하게 만드는 운동은 요가 외에도 다양하다. 정기적으로 운동하면 혈압, 콜레스테롤, 체중이 개선될 뿐 아니라 뇌에서 기분을 좋게 하는 물질이 분비된다. 격렬한 운동을 한 뒤에 찾아오는 러너스 하이runner's high(격렬한 운동 후에 밀려오는 행복감-옮긴이) 상태가 되는 것이다. 운동하고 신체를 적절한 상태로 유지하면 코르티솔 같은 스트레스 호르몬 수치도 낮아지기 때문에, 오랜 기간 분비되었을 때 몸에 나쁜 영향을 미치는 코르티솔 효과도 완화할 수 있다.

운동은 건강한 혈관을 유지하는 아주 좋은 방법이다. 심장은 혈관이 모이는 중추다. 심장이 혈액을 온몸으로 공급하려면 혈관에 의지할 수밖에 없으므로 건강한 혈관을 유지하는 일은 아주 중요하다. 운동하면 혈액의 흐름이 믿을 수 없을 정도로 좋아진다. 혈액이 혈관에 비정상적인 방법으로 흐르면 혈관이 손상되고, 혈관이 손상되면 결국 혈전이 쌓여 혈관이 막힌다. 심장 내부에서 혈관이 막히면 심장마비가 온다.

따라서 요가든 야외 달리기든 모든 운동은 '1+1'의 효과가 있는 스트레스 치료법이다. 운동은 스트레스를 막고, 우리 몸을 강하고 건강하게 해 스트레스와 질병에 맞서 싸우게 한다.

어떤 방법으로 스트레스를 관리하든, 마음챙김 수련과 육체 활동을 병행하는 종합적인 방법을 선택해야 한다. 스트레스 그 자체는 좋지도 나쁘지도 않지만, 끊임없이 받는 스트레스는 심장을 비롯해 모든 신체 건강에 해롭다. 턱의 긴장을 풀고 숙면을 유도하는 스트레스 완화법을 찾아서 실천해보자.

3장

새로운 심장: 심장이식과 인공심장

양철 친구여. 너는 심장을 원하는구나.
심장이 없다는 게 얼마나 행운인지 모르고 말이지.
심장은 부서지지 않게 만들 수 없다면, 전혀 실용적이지 않아.

『오즈의 마법사』 중에서

심장외과의가 되겠다고 결심한 계기는 심장이식이다. 숨을 쉴 수 없고 혼자서는 옷을 입을 수도 없는 환자들에게 다시 한번 살 기회를 주는 일이니까. 험난한 재활 과정이나 치료 과정이 아직 남아 있어도, 심장이식을 받고 깨어난 환자들은 눈을 뜨는 즉시 자신이 변했음을, 훨씬 나아졌음을 느낀다.

마이클 이야기

몇 년 전에 마이클이라는 환자를 만났다. 그의 안색은 사람이라면 그래서는 안 될 회색빛을 띠고 있었다. 분명히 아주 심각한 병을 앓고 있다는 뜻이었다. 마이클은 재정학을 공부하는 대학생으로 방학 때 동남아시아 여행을 다녀왔다. 병원 침실 옆 벽에는 그가 동남아시아를 여행하면서 찍은 사진들이 있었다. 스물한 살 학생이라면 할 수 있는 여행이었다. 그런데 여행에서 돌아온 뒤에 무언가가 바뀌었다. 온종일 피곤했고 수업 시간에 깨어 있으려면 엄청나게 애를 써야 했다. 처음에는 감기나 독감이라고 생각하고 빨리 떨쳐버릴 생각만 했다. 하지만 몇 날이 지나고, 또 몇 주가 지나자 마이클은 몸이 자기를 배신하고 있다는 기분이 들었다. 다리와 폐와 배에 액체가 가득 찼다. 침대에서 일어나기가 힘들어지자 제발 병원에 가보라는 어머니의 간청을 받아들일 수밖에 없었다.

마이클은 일생의 휴가를 보낸 열대지방에서 병을 얻어온 것이라고 생각했다. 심장이 나빠지고 있다는 생각은 추호도 하지 않았다. 상황은 그가 원하는 대로 진행되지 않았다. 마이클을 살펴본 의사는 구급차를 불러 마이클을 우리 병원으로 보냈고, 우리 병원에 오자마자 마이클은 집중치료실로 들어가 모든 생명 징후를 추적하는 온갖 관과 모니터에 연결된 채 찔리고 또 찔렸다. 목에 연결된 두툼한 관으로 심장 박동을 돕고 폐에 찬 액체를 줄일 약을 투여하고, 사타구니 동맥으로 심장 옆에 놓일 작은 펌프를 삽입했다. 최상의 약을 투여했지만 마이클의 상태는 점점 더 나빠졌다. 내가 침대 밑에 서서 회색빛 남자를 바라본 이유는 그 때문이다.

마이클의 심장은 심각하게 손상되었다. 그 이유가 바이러스 때문인지 망가진 조그만 유전자 때문인지 우리는 결코 알지 못할 것이다. 마이클의 심장은 몸의 다른 부분을 지탱하지 못할 정도로 망가졌다. 혈액을 공급받지 못한 콩팥은 벌써 기능을 잃어가고 있었다. 마이클은 선택해야 했다. 운에 맡기고 이식할 심장이 나타날 때까지 기증자를 기다리거나, 인공 펌프를 심장 양쪽에 장착한 뒤에 심장이식을 받을 수 있을 정도로 강해져야 했다.

마이클은 기증자를 기다릴 수 없을 정도로 너무 아팠다. 시간이 갈수록 회색빛이 짙어지는 마이클은 한 가지 선택밖에는 할 수 없었고, 살기 위해 인공 펌프를 장작해야 했다. 그 어느 때보다도 자신의 몸을 시험해야 했던 수술은 다섯 시간이 걸렸다. 마이클의 병든 심장에 심실보조장치Ventricular Assist Devices, VADs(손바닥 안에 두 개가 모두 들어갈 정도로 작다)를 장착했다. 심장 양쪽에 하나씩 들어간 반짝이는 금속 장치 덕분에 혈액이 대동맥과 폐동맥으로 흘렀다.

마이클은 회복했고, 이제는 기다릴 차례다. 기다린다는 것은 크고 작은 문제들이 끊임없이 나타나는 시간을 견뎌내야 한다는 뜻이다. 기증받은 심장을 사용한다면 몇 달 동안의 기다림은 어떤 의미에서는 끝났다고 볼 수 있다. 하지만 마이클의 여정은 그때부터 시작이다. 큰 수술에서 회복되는 동안 마이클의 이야기는 아픈 심장에서 그가 받은 아름다운 선물을 돌보는 이야기로 바뀌는 것이다.

그 무엇과 비교할 수 없을 정도로 수많은 지식과 기술을 쏟아부어야 하는 심장이식은, 아픈 심장을 치료하는 의학이 어떤 일을 할 수 있는지를 보여주는 가장 큰 성과였고, 지금도 마찬가지다. 한 사람의 심장을 다른 사람에게 이식했을 때도 여전히 심장이 뛴다는 사실은 정말로 놀랍다. 의료진들이 심장을 이식할 때마다 느끼는 경이로움은 절대로 사라지지 않을 것이다. 다시 살 수 있는 두 번째 기회를 받은 충분히 운이 좋았던 사람들도 그 사실에 너무나 놀라고 정말로 고마워한다는 것을 나는 알고 있다.

마이클의 경우, 몇 년 동안 그를 만나지 못했지만, 그가 젊은이가 누릴 자격이 있는 충만하고 멋진 삶을 살고 있다고 들었다. 그것은 누구나 추구할 만한 가치가 있는 최고의 선물이다.

심부전이란?

심장이식을 받아야 하거나 심실보조장치를 달아야 하는 환자 대부분이 심부전을 앓고 있다. 심부전은 심장이 제대로 기능하지 못해 몸이 생존에 필요한 혈액을 충분히 공급하지 못하는 몸의 다양한 상태를 아우르는 용어다.

전 세계적으로 심부전 환자는 2300만 명 정도로 추정하는데, 1989~1999년에 그 수는 세 배 증가했고, 이후로 꾸준히 늘고 있다. 과학자들은 다섯 명 가운데 한 명은 살면서 심부전이 올 가능성이 있다고 예측한다. 엄청난 수치다. 심부전 진단을 받은 사람은 평균 2.5년 정도 생존하는데, 여성은 생존 기간이 조금 더 짧다.

심부전은 사람을 정말로 쇠약하게 만든다. 침대에 누워 기계와 약에 의존해야 했던 마이클의 이야기는 극단적인 사례지만, 심부전을 앓는 사람들은 일상을 영위하기가 매우 어려워 대다수가 집에서만 생활한다. 호르몬의 영향으로 몸에 과도한 액체가 쌓이면 발목이 크게 부풀어 오른다. 몸은 부족한 혈액을 보충하려고 심장이 더 많은 액체를 내보낼 수 있도록 알도스테론 같은 호르몬을 분비한다.

심부전은 약해진 심장에서 더 많은 혈액을 내보내려 하므로, 심장이 뛰는 속도가 빨라진다. 아픈 심장이 빨리 뛰려면 산소와 에너지를 더 많이 사용해야 하는데, 필요한 에너지를 얻지 못할 수도 있다. 혈액이 심장에 필요한 에너지를 복부를 비롯한 몸의 다른 부위에서 회수하기 때문에, 심부전 환자는 식욕을 잃고 몸이 살아남으려고 근육과 지방으로 저장한 에너지를 모두 소비하는 악액질cachexia 상태가 되어 몸무게가 크게 준다.

심부전 환자는 침대에서 의자로, 욕실로 이동하다가도 다시 침실로 돌아간다. 우리가 혼자서 할 수 있는 많은 일을 할 때 심부전 환자들은 타인의 도움을 받아야 한다. 심부전은 (아주 약한 경우라고 해도) 한 사람이 할 수 있는 일과 할 수 없는 일을 규정한다.

심부전은 한 가지 문제가 아니라 여러 문제의 최종 결과다. 관상동맥이 막혀 여러 번 심장마비가 오는 경우를 **허혈성 심근증**ischaemic cardiomyopathy이라고 한다. 허혈虛血이란 '혈액이 충분히 공급되지 않는다'는 뜻이고, 심근증心筋症이란 말 그대로 '심장 근육 질환'이라는 뜻이다. 허혈성 심근증인 사람의 심장은 흉터가 남고 제 기능을 하지 못한다. 이제 심장마비와 관상동맥 질환이 흔한 질병이 되었고, 그 때문에 생기는 심부전 환자의 수도 점점 늘어나고 있다.

심장 근육 질환 때문에 심장이 확장하는 **확장성 심근증**dilated cardiomyopathy이 심부전을 일으키기도 한다. 확장성 심근증은 바이러스에 감염되어 생길 때도 있고, 심장 근육을 구성하는 세포를 제대로 만들지 못하는 유전자 때문에 가족력으로 발병할 수도 있다. 가족력으로 흔히 발병하는 **비후성 심근증**hypertrophic cardiomyopathy도 심부전의 원인이다. 비후성 심근증은 심장이 더는 작동하지 못할 정도로 비대해져 심장 밖으로 혈액을 내보내지 못하는 질병이다. 비후성이란 근육세포가 비정상적으로 두툼해지고, 비대해졌음을 뜻한다.

혈액이 정해진 방향으로 움직일 수 있게 해주는 심장 판막도 너무 좁아지거나(**협착**) 혈액을 거꾸로 보낼(**역류**) 정도로 제대로 기능하지 못할 수 있는데, 이때도 심장은 판막이 정상적으로 기능할 수 있도록 무리해서 일해야 한다. **심장판막증**valvular heart disease은 류머티즘열 같은 질병이 여전히 많은 개발도상국에서 흔히 볼 수 있는 심부전의 원인이다. 선진국도 예외는 아니다. 여전히 류머티즘열이 많이 발병하는 오스트레일리아 오지에서는 심장판막증에 의한 심부전이 발병하는데, 젊은 사람도 예외는 아니다.

심장이 아픈 원인을 찾지 못하는 경우도 있다. 그런 상태를 '특발성 심근증'이라고 한다. 특발성特發性이란 '원인을 모른다'는 뜻이다. 의료 종사자도 환자에게 어떠한 설명도 하지 못한다는 사실이 실망스럽지만, 원인을 알 수 없는 심각한 질병을 진단받는 환자들의 실망에 비하면 의료진의 실망은 아무것도 아니다.

수년 동안 의사와 연구자는 심부전 환자의 몸 상태를 호전시키고, 생명을 연장하기 위한 약을 개발했다. 우리가 제일 먼저 사용하는 치료제 가운데 하나는 인체 외부로 더 많은 체액을 배출하도록 돕는 **이뇨제**다. 심부전의 수많은 증상이 폐, 팔, 다리, 복부에 액체가 차며 생기므로 이뇨제를 사용해서 체액을 많이 배출하면 한결 편안한 기분을 느낀다.

우리가 사용하는 나머지 약들은 본질적으로 심장에 가하는 스트레스를 줄이는 효과가 있다. 심장이 받는 스트레스 가운데 상당수는 신체의 과도한 보상 때문에 생긴다. **베타 차단제**는 심장 박동수를 줄여 아픈 심장이 무리하지 않도록 도와주고, 앤지오텐신 전환 효소 억제제angiotensin converting enzyme inhibitors(이하 **ACE 억제제**)는 혈압 때문에 받는 심장의 스트레스를 낮춰주는데, 어쩌면 심장을 조금은 치료하는 능력이 있는지도 모른다.

아주 많은 사람이 매일 이런 약을 먹는다. 하지만 모두 효과가 좋은 것은 아니다. 심장이 아프고 약이 도움이 되지 않는다면 취해야 하는 방법은 단 하나, 번쩍이는 새 심장을 갖는 것이다.

금속 심장

미국 부통령이었던 딕 체니는 12세 때부터 담배를 피웠고, 담배를 끊겠다며 도넛 한 팩을 먹곤 했다. 국회의원 선거에 입후보했던 서른일곱 살 때, 그가 앞으로 다섯 번을 겪어야 하는 심장마비가 처음으로 왔다. 2010년에는 말기 심부전으로 고생하던 심장이 거의 기능을 멈추고 말았다. 금속으로 만든 '인공심장'을 장착한 뒤에야 딕 체니는 살아갈 의욕을 되찾았다.

마이클처럼 체니도 인공심장을 단 채 심장을 기증해줄 사람을 기다렸다. 그로부터 수년이 지났고, 이 놀라운 기술이 없었다면 체니도 마이클도, 그 외 수천 명이 넘는 사람들도 살아남지 못했을 것이다. 인공심장은 심부전 치료 방식을 바꾸었다. 인공심장이라고도 부르는 심실보조장치는 병든 심장이 해야 하는 일의 일부를, 사실상 대부분의 일을 대신한다.

1960년대에 심장 수술이 크게 도약했다. 1966년, 마이클 디베이키 박사는 좌심실보조장치 장착 수술에 성공했다. 환자는 10일 동안 장치를 차고 있었고, 심장 절개 수술을 받고 회복되었다. 심실보조장치 기술이 가야 할 길은 아직 험난했지만 디베이키 박사의 수술은 심부전 치료의 성배로 남았다. 1967년에는 남아프리카공화국에서 처음으로 심장이식을 했다. 그러나 그때의 심장이식 기술은 지금처럼 믿을 만한 것이 아니라서 이식받은 많은 사람이 며칠 혹은 몇 주 뒤에 사망했다.

좌심실보조장치를 단 심부전 환자가 좋은 약만 먹는 심부전 환자보다 더 오래 산다는 대규모 연구 결과는 2000년대 중반에 나왔다. 이후 심실보조장치는 크게 주목을 받았다. 미국 식품의약국Food and Drug Administration, FDA 같은 전 세계 주요 규제 조직들이 심장이식을 기다리는 환자들에게 이 새로운 기술을 활용해도 좋다고 승인했다.

내가 외과 전문의로 근무하는 동안 심부전의 성격이 크게 바뀌었다. 마이클만 해도 그렇다. 그는 집으로 돌아갔고 건강을 되찾았으며 최상의 상태로 심장이식을 받았다. 현재 전 세계적으로 심장이식을 받는 사람의 절반은 어떤 형태로든 기계의 도움을 받는다.

내가 처음 심장 수술을 했을 때만 해도 심실보조장치는 크고 투박했다. 2005년에 내가 처음으로 심장이식을 한 환자가 달고 있던 보조 장치는 무게가 1150그램이었다. 초기 심실보조장치는 쇼핑 카트처럼 생긴 커다란 콘솔에 연결되어 있어서, 장치를 단 환자는 병실에서만, 정확히 말하면 병원에서만 생활할 수 있었다. 어떤 장치들은 지금처럼 튼튼하지 않아서 정말로 기증자가 빨리 나타나기를 바랄 수밖에 없었다.

예전에 환자들이 이런 장치를 달고 지낼 수 있는 기간은 평균 1년 미만이었다. 우리 병원을 기준으로 말하자면, 이제는 10년 동안 장착할 수 있다(세계여행까지 다녀온 환자도 있다). 현재 훨씬 작고 더 믿을 만한 장비가 개발되었다. 무게가 160그램밖에 되지 않는 장비도 있다. 이런 장비는 손으로 쥘 수 있을 정도로 크기가 작다.

심실보조장치가 작동하는 방식은 상당히 깔끔하다. 심실보조장치는 심장으로 들어온 혈액이 인공 펌프를 지나 몸 밖으로 나가 계속 돌 수 있게 한다. 심실보조장치는 좌심실이나 우심실에 장착해 심장에 있는 혈액을 계속해서 펌프 내부로 빨아들인다.

현재 주로 사용하는 심실보조장치는 두 가지 형태가 있는데, 이 장치들은 작동하는 방식이 조금 다르다. 한 가지 유형의 펌프는 원심 펌프로 모터가 돌면 혈액이 모터 바깥쪽에서 회전하다가 빠르게 앞으로 나간다. 중력을 거스르는 놀이기구를 만드는 원리와 동일한 원리로 작동하는 펌프다. 또 다른 유형의 펌프는 축류軸流를 이용한다. 혈액이 모터의 축과 동일한 방향으로 흐르게 하는 것이다. 어떤 펌프를 사용하건 펌프를 장착한 심장은 그전과는 사뭇 다른 능력을 보인다. 두 펌프 모두 자석을 이용해 작동한다. 전류가 흐르면 모터가 돌아가면서 혈액을 심장 밖으로 내보낸다.

정상적으로 작동할 때 심장은 일정한 간격으로 박동하면서 수축한다. 맥박이 뛰는 이유가 그 때문이다. 심장이 순환계로 혈액을 밀어내고 있는 사람은 혈관에 손가락을 댔을 때 맥박이 느껴진다. 하지만 좌심실보조장치를 달고 있는 사람은 맥박이 전혀 느껴지지 않는다. 일정한 간격을 두고 혈액이 나오지 않고 멈추지 않는 혈액이 계속 흐르기 때문이다. 좌심실보조장치를 단 우리 병원의 한 환자는 일반인을 대상으로 한 응급 처치 수업에 도우미로 참석하기를 좋아했다. 환자의 맥박을 짚고 깜짝 놀라는 사람들의 얼굴을 보는 것이 재미있었기 때문이다.

번쩍이는 금속 펌프를 통과한 혈액은 펌프에 연결된 관을 따라 동맥(좌심실보조장치라면 대동맥, 우심실보조장치라면 폐동맥인)으로 흘러간다. 성인은 1분에 4~5리터 정도의 혈액을 온몸으로 보내는데, 심실보조장치도 비슷한 양의 혈액을 순환시킨다. 아직 우리가 해내지 못한 일이 있는데, 사람이 운동했을 때 심실보조장치가 자동으로 순환하는 혈액의 양을 늘리는 능력이다. 이 능력은 아주 중요하다. 인공 펌프를 더 많은 분야에서 사용하려면 특히 관심을 가져야 하는 기능이다.

지금은 전원을 꽂아 사용해야 하므로 심실보조장치의 전력도 현재 과학자들이 연구를 계속하는 부분이다. 사이보그에 장착하는 소켓 형태는 아니지만, 심실보조장치를 단 사람들은 동력 전달 장치와 연결된 배터리 가방을 차고 다녀야 한다. 동력 전달 장치는 배에 삽입된 심실보조장치에 동력을 전달하고, 무엇을 해야 하고 얼마나 빨리 펌프를 돌리고 있는지 등을 알려주어야 하며 전력을 어느 정도나 사용했는지 정보도 제공해야 한다.

심실보조장치는 대부분 심장 절개 수술로 삽입한다. 수술실에 들어왔을 때 환자가 정말로 아파 보인다는 사실을 환기하면, 보조 장치 삽입 수술은 정말로 놀라운 경험을 안겨준다. 환자들은 진짜 죽어가는 것처럼 보일 때도 있다. 가장 좋은 약을 최대치로 주입해야 하는 환자도 있는데, 바로 가슴을 열고 인공심장을 장착하는 것이다. 인공심장이 심장이 해야 하는 일을 대신하는 순간, 사형 집행 직전에 사면받은 사람처럼 심장이 눈에 띄게 안도하는 모습을 볼 수 있다. 환자는 들어왔을 때보다 훨씬 평온한 얼굴로 수술실에서 나간다. 이것이 내가 인공심장 장착 수술을 하며 만족과 보람을 느끼는 이유 중 하나다.

심실보조장치를 단 사람들은 거의 모든 일을 할 수 있다. 해마다 우리 병원에서 보조 장치를 장착한 환자들은 '시티 투 서프'라는 단축 마라톤 대회에 참가한다. 환자들은 4킬로미터를 걸어서 완주하는데, 절대로 꼴찌로 들어오지 않는다. 환자들은 일터로 돌아가고 자동차를 운전하고 휴가를 즐긴다. 심부전 환자가 침대에만 누워 있어야 했던 시절은 오래전에 지나갔다.

지금보다 훨씬 안전하고 튼튼하며 정교한 심실보조장치가 등장할 것이다. 이 번쩍이는 새로운 금속 심장이 심장이식을 대체할 수도 있다. 현재 전 세계 과학자와 임상의가 심장 질환으로 고통받는 사람들이 귀중한 심장을 선물해줄 기증자를 기다리지 않도록 더 좋은 심실보조장치를 개발하고 있다.

심장이식 방법

심장이식은 대략 이런 식으로 진행된다. 심장이식을 기다리던 환자가 전화를 받는다. 몇 달 이상 기다리던 전화다. 전화를 받으면 이런 말을 듣는다. "적합한 심장이 나왔으니 병원으로 와주세요."

그 말은 누군가가 죽었고, 그 사람의 가족이 사랑하는 사람의 장기를 다른 사람에게 주어 새로운 기회를 얻게 해준다는, 믿을 수 없을 정도로 어렵지만 용감한 선택을 했다는 뜻이다. 심장 기증자는 사고로 돌이킬 수 없는 뇌 손상을 입었거나 뇌혈관이 파열됐을 가능성이 크다. 뇌사 상태에 빠져 뇌가 더는 제대로 기능하지 못하고 몸의 나머지 부분으로 어떠한 명령도 내리지 못할 상태일 가능성이 크다. 어쨌거나 뇌가 회복될 가능성이 전혀 없는 상태인 것이다.

심장이식을 할 의료팀은 기증자를 찾아가 심장을 비롯한 여러 기관을 적출하는 수술을 한다. 정말로 특별하면서도 침울한 수술이다. 수술실에 들어갔을 때 그렇게 뚜렷하게 존경심을 느끼는 경우는 흔치 않다. 뇌사 환자의 장기를 적출하는 수술실에 가면 지금 우리가 하려는 일이, 장기가 절실하게 필요한 누군가에게 보내줄 귀중한 선물을 받는 일이 얼마나 특별하고 중요한 일인지를 절절히 느낀다.

사고로 죽은 뒤에 장기를 기증한 한 젊은 남자를 잊을 수 없다. 그의 어머니는 아들을 보는 것조차 힘들어했지만 아들의 심장을 기증하겠다는 믿기 어려운 결정을 했다. 언제나 그렇듯이 우리는 젊은 남자의 장기를 적출하기 전에 수술 동의서를 비롯한 모든 서류를 검토한다. 어머니는 아주 먼 곳에서 전화로 수술에 동의한다고 말했고, 통화 내용을 녹음하면서 어머니의 말을 들었다. 이런 결정을 한 사람은 이 어머니가 처음은 아니지만, 수술하는 내내 의료진이 눈물을 흘린 건 아마도 처음일지 모르겠다.

기증자의 심장은 심장이식이 진행될 병원으로 옮겨갈 동안 안전하고 차갑게 보관될 수 있도록 특별한 보존제에 넣어 기능을 멈춘 상태로 있다. 적어도 잠깐은 심장이 차가운 상태를 유지할 수 있도록 얼음이 가득 찬 아이스박스에 넣어두는 것이 우리가 심장을 돌보는 방법이다. 차가워진 심장은 산소와 에너지가 전혀 필요 없기 때문에 4~6시간 안에 환자의 몸에 이식하면 다시 제대로 기능한다. 이 말은 장기를 적출한 의료진은 경찰의 호위를 받든, 비행기를 타든 심장이식을 할 병원으로 미친 듯이 달려와야 한다는 뜻이다. 경찰의 호위와 비행기가 모두 필요할 때도 있다.

기증받는 사람도 마찬가지로 잠들어야 한다. 기증자를 담당한 의료진이 모든 일을 끝내면 이식 수술을 하는 의료진도 활동을 시작한다. 환자가 잠들어 있는 동안 환자의 심장과 폐 역할을 해줄 **심폐기**에 의지해 환자의 심장을 떼어낸다. 환자는 여러 개의 관으로 심폐기에 연결되고, 대동맥을 조이는 크램프가 심장을 몸의 나머지 부분에서 떨어뜨린다.

누군가의 텅 빈 가슴을 보면 오싹해진다. 그 가슴에 있던 아픈 심장은 밖으로 나오고 건강한 심장이 새로 들어가 뛰기 시작한다. 그 경험은 마치 좌심실, 폐동맥, 대동맥, 상대정맥, 하대정맥을 잇는 수킬로미터를 바느질하는 것 같다. 새로운 가슴을 넣는 수술은 '시간'이 가장 중요하다. 새로운 심장을 제자리에 놓는 순간 우리는 재빨리 꼼꼼하게 바느질해야 한다.

하지만 그 순간이 절정은 아니다. 절정은 크램프를 떼어내 혈액이 새로운 심장으로 힘차게 흘러 들어가는 순간이다. 심장을 다루는 내가 정말로 사랑하는 순간이다. 우리가 심장에(아니면 심장 세포에) 영양분과 산소가 풍부한 혈액을 공급하는 순간, 심장은 뛰기 시작한다. 새로운 심장이 하는 일도 대체로 이렇다. 처음 걸음마를 하는 작은 사슴처럼 보일 때도 있다. 하지만 곧 어떻게 해야 하는지를 깨닫고 뛰기 시작한다. 새 심장이 아픈 심장의 자리를 물려받아 일하기 시작하는 순간, 수술실의 모든 사람이 일시에 한숨을 내뱉는다. 안도의 한숨이다. 모두 심장이 제대로 작동하고, 모든 일이 잘되기를 기다렸던 것처럼 말이다. 일단 새로운 가슴 안으로 들어가면 심장은 너무나 영리하게 행동하는데, 그럴 수밖에 없는 사정이 있다. 심장은 보통 신경을 통해 뇌를 비롯한 신경계에 연결되고, 신경계는 심장에, 특히 동방결절sinoatrial node에 신호를 보낸다. 동방결절은 심장이 뛰는 속도를 조절하는 중추로, 심장이 계속 뛰게 만든다. 하지만 새로 이식한 심장은 뛰는 속도를 빠르게 하거나 늦추는 신경계의 신호를 받지 못하기 때문에 다른 방식으로 신경계의 신호를 받아야 한다. 심장을 이식할 때는 심장과 연결된 신경을 끊기 때문에 신경계의 신호를 받을 수 없다. 이때 내가 심장을 사랑하는 이유가 또 등장한다.

심장은 어떤 혈액이든 자신이 받은 혈액이라면 모두 처리한다. 심장은 받은 모든 혈액을 펌프 작용으로 밖으로 내보낸다. 운동하면 움직이는 근육이 수축하면서 혈액이 가슴으로 돌아오기 때문에 심장으로 들어오는 혈액이 증가한다. 심장은 자신이 많은 혈액을 가지고 있음을 깨달으면, 그에 대한 반사 작용으로 훨씬 빠르고 세게 펌프질을 한다. 심장이 일해야 한다는 사실을 깨닫는 시간이 조금 늦다고 느끼는 심장이식 환자들도 있지만, 심장은 결국 일해야 하는 순간을 깨닫고, 그 후 자신이 해야 할 일을 충분히 해낸다.

이식한 심장은 원래 있던 심장보다 조금 더 빨리 뛴다. 일반적으로 심장은 1분에 60~70회 정도 뛰는데 이식한 심장은 최대 90회까지 뛸 수 있다. 이식한 심장은 부교감신경계, 그중에서도 특히 미주신경계와의 연결이 끊어졌기 때문에, 쉬고 있을 때는 '진정'하라는 신호를 받지 못한다. 미주 신경계와 연결되지 못했다는 의미는 심장이식 환자는 아무리 노력해도 심장이식을 하지 않은 사람을 따라잡을 수 없다는 뜻일 수도 있다. '수도 있다'라고 표현한 이유는 심장을 이식한 건강한 운동선수는 심장이식을 하지 않은 우리보다 더 잘 뛰기 때문이다.

심장이식은 심부전을 치료할 뿐 아니라 치유하기도 한다. 우리는 말 그대로 아픈 심장을 잘라내고 새로운 심장을 집어넣는다. 심장을 이식받은 뒤에는 믿을 수 없을 정도로 풍요로운 삶을 살 수 있다. 심장을 이식받은 많은 사람이 운동한다. 심지어 철인 3종 경기에 나가는 사람도 있다. 하지만 심장이식 후에는 장기간의 각별한 보살핌이 필요한 것도 사실이다.

심장이식을 한 뒤에 가장 우려해야 하는 일은 거부 반응이다. 몸의 면역계는 감염체든 다른 사람(이나 동물)의 조직이나 기관이든, 우리 몸에 속하지 않은 물질을 알아볼 수 있도록 정교하게 훈련받는다. 면역계는 자기 몸이 아니라고 판단하는 물질은 무조건 공격한다. 새로 이식한 심장이 공격받지 않게 하려면 여러 가지 약을 합친 **면역억제제**를 투여해 면역계가 심장을 공격하지 않도록 면역계를 둔화시켜야 한다.

면역억제제는 심장을 기증받은 사람이 감염에 완전히 노출된다는 문제가 있다. 때문에 오랫동안 항생제를 복용해 치료하기 어려운 감염을 예방한다. 항생제를 복용하는 것이 부담스러울 수 있지만, 사실은 생명을 구하는 방법이다. 이식 수술을 시작한 초기에는 거부 반응을 줄이기 위해 투여할 수 있는 약물은 스테로이드계뿐이었다. 이 약물은 면역계를 맹렬하게 공격하기 때문에 심장 기증을 받은 사람들은 심각한 감염에 걸려 며칠이나 몇 주 안에 사망하는 일이 잦았다. 1980년대에 시클로스포린이 등장하면서 치명적인 감염 위험 없이 심장이식을 하게 되었다.

시간이 흐르면 이식한 심장이 문제를 일으킬 수 있는데, 특히 거부 반응이 일어날 때가 위험하다. 그러면 두 번째 이식 수술을 받아야 할 수도 있다. 오스트레일리아인 피오나 쿠트는 어린아이였을 때 받은 첫 번째 심장이식이 실패로 끝난 뒤, 시드니에서 두 번째 심장이식을 받았고 그 후 약 32년을 살았다. 시간이 흐르면서 심장은 문제가 생겼고, 관상동맥은 두꺼워지기 시작했다. 심장이식이 단순한 심부전 치료법이 아니라 아주 수준 높은 치유법인 이유는 그 때문이다.

현재 심장이식을 받은 뒤 생존하는 기간은 평균 12년이다(물론 그보다 오래 사는 사람도 있다). 새로 개발한 약을 사용하고 기증자의 심장을 더욱 세심하게 보살피며 임상 경험이 늘어나는 등, 심장이식을 받은 사람을 돌보는 법을 더 잘 알게 되면서 수술 후 생존 기간이 연장되고 있다. 현재 심장이식을 받은 사람이 수술을 받고 1년 동안 생존할 확률은 85퍼센트에 달하며, 그 후 오랫동안 문제없이 살아갈 수 있다. 1982년에 심장이식을 받은 존 맥케퍼리는 33년 동안 살다가 71세에 사망했다. 맥케퍼리는 심장이식을 받은 뒤 가장 오래 산 사람들 가운데 한 명이다.

열망과 새로운 사랑

사교 모임에서 흔히 듣는 질문이 있다. '심장을 기증받은 사람에게서 기증자의 성격이 나타나는가?' 심장이식을 받은 사람이 마취에서 깨어난 뒤에 너무나도 싫어했던 맥주를 마시고 싶어 했다는 등의 이야기가 심심치 않게 들려오니, 충분히 궁금할 수 있다. 아마도 당신은 심장이식을 받기 전에는 생각지도 않았던 취미 활동을 하거나 기증자를 꿈에서 봤다는 이야기도 들어본 적이 있을 것이다.

과학은 그 질문에 어떻게 답할까? 심장이식을 받은 뒤에 달라지는 사람도 있다. 하지만 오스트리아에서 진행한 한 연구에서는 심장이식을 받은 사람 가운데 79퍼센트가 성격이 달라졌다는 느낌은 들지 않는다고 응답했다. 나머지 사람들은 바뀐 것 같다고 대답했지만, 새로 이식한 심장 때문에 바뀐 것 같다고 대답한 사람은 극히 일부였다. 대부분은 죽을 수도 있었던 치명적인 병에 걸린 경험 때문에 인생관이 바뀐 것 같다고 대답했다.

의학이 발전하며 심장을 더 잘 알게 되었지만, 문화적으로 심장은 여전히 감정이 머무는 곳으로 인지되고 있다. 다른 사람의 심장을 받는다는 생각을 도저히 받아들일 수 없는 사람도 있는데, 그 이유는 영혼과 본질이 담긴 심장을 떼어낸다는 사실을 받아들일 수가 없기 때문일 수 있다. 심장이식을 받은 뒤에 성격이 변했다고 믿고 싶은 이유도 그 때문일 것이다. 심장을 기증받은 사람이 새로운 취미를 갖는 이유가 새로 받은 심장 때문임을 입증하는 과학 증거는 별로 없다. 그렇다면 엄청난 병을 앓은 뒤에 삶을 대하는 '마음이 바뀌는 일'은 가능할까? 내 생각에는 충분히 가능하다.

장기 기증

심장을 기증하는 사람들을 이야기하지 않은 채 심장이식에 관해 말할 수는 없다. 심장을 기증하는 사람들은 죽어가는 사람들이다. 앞서 살펴본 것처럼 심각한 뇌 손상을 입어 뇌가 죽었다는 판정을 받은 사람들이 주로 심장을 기증한다. 뇌 기능을 되돌릴 수 없을 정도로 상실했을 때, 다시는 뇌 기능을 회복할 수 없을 때 뇌사 판정을 받는다. 뇌사가 분명한지를 확인하려면, 두 의사가 서로 독자적으로 여러 가지 검사를 하고 환자의 뇌가 완전히 기능을 멈춘 것이 확실하다는 판단을 내려야 한다. 이는 환자 보호를 위한 윤리적이고 엄격한 판단 과정이다. 이 과정은 장기 기증 과정과는 무관하다.

오스트레일리아는 전체 인구의 69퍼센트가 기꺼이 장기를 기증할 의사가 있지만, 오직 1~2퍼센트만이 장기를 기증할 수 있는 특별한 상황에서 사망한다. 이들은 집중치료실에서 면밀하게 관찰된다. 영국과 미국의 상황도 비슷하고 최종 결정은 유족이 내린다. 미국은 장기 기증자 수가 가장 많은 나라 가운데 하나고, 오스트레일리아는 장기 기증자 수 20위 국가다. 거의 모든 나라에서 장기 이식을 기다리는 사람에 비해 장기를 기증하는 사람이 터무니없이 적다는 뜻이다.

우리는 임종 시 장기 기증할 생각이 있는지 다른 사람들과 의견을 나누지 않는다. 그 말은 장기 기증을 결정해야 하는 것은 슬픔에 빠진 유족이라는 뜻이다. 스페인이나 벨기에에서는 특별히 원하지 않는다는 사실을 등록해두지 않는 한 모든 사람을 기증자로 간주하는 제도를 시행한다.

나는 줄곧 반대쪽에서 일어나는 일을 보지 못한다. 모든 일을 철저하게 윤리적으로 진행할 수 있도록 심장이식 팀은 기증자를 보살피는 과정에 절대로 참여할 수 없다. 의사로 살면서 장기를 기증한 사람들의 가족을 두 번 만난 적이 있는데, 그분들은 모두 고인의 장기 기증을 어두운 상황을 밝혀주는 빛이라고 생각했다.

그중 한 명은 어머니를 교통사고로 잃은 나의 동료다. 동료의 가족들은 고인의 장기를 기증하기로 했다. 어머니를 잃고 가족은 힘든 시기를 보냈다. 곧 아기가 태어날 예정이었고 결혼식도 잡혀 있었다. 하지만 가족들은 기증이야말로 올바른 결정이라고 믿었다. 어머니가 준 선물이 다른 사람에게 새로운 삶을 주었다는 것을 알기에 가족들은 더 빨리 슬픔에서 치유될 수 있었다.

다른 한 가족은 놀라운 우연 때문에 장기를 기증받은 사람이 기증자의 가족을 여러 번 만났고, 그 인연을 지금까지도 이어가고 있다. 장기를 기증받은 사람이 함께 있을 때면 기증자의 가족은 사랑하는 사람이 그들과 함께 있음을, 앞에 있는 사람의 가슴 속에서 힘차게 살아 있음을 느낀다. 심장은 계속 살아가며 그들이 나누기로 한 아름다운 선물을 생각하게 한다.

심부전 예방하기

심부전은 아주 빠른 속도로 생명을 위협하는 주요 질병 가운데 하나다. 감염, 원인 불명, 유전 요인 때문에 심부전이 오는 불행한 경우가 아니라면, 심부전은 예방할 수 있다. 전 세계적으로 심장이식을 받는 사람의 3분의 1은 수년 동안 지속적으로 손상된 관상동맥 질환 때문에 수술을 받는다. 하지만 판막에 문제가 생긴 경우라면 심장 근육이 회복하지 못할 정도로 손상되기 전에 치료해 심부전을 막을 수도 있다.

심부전으로 고생하고 싶지 않다면 관상동맥 질환의 발병 가능성을 낮추는 것이 중요하다. 영양적으로 균형 잡힌 식사를 하고 정기적으로 운동해야 한다. 운동은 심장병을 예방하는 아주 좋은 방법이다. 흡연자라면 이제는 담배를 끊을 때다. 담배를 빨리 끊을수록 몸이 치유되는 시간도 빨라진다. 심부전 발병 가능성이 큰 남성을 대상으로 진행한 연구에서 건강을 유지하는 네 가지 생활 습관(운동, 식습관, 체중 감소, 금연)을 실천하는 사람은 심부전 발병 가능성이 21퍼센트에서 10퍼센트로 낮아진다는 결과가 나왔다.

무엇보다 중요한 것은 내 심장의 상태를 알아야 한다는 것이다. 심장 질환과 마찬가지로 심부전의 위험 요소를 잘 알고 있어야 한다. 혈압, 콜레스테롤 수치, 당뇨 여부를 알아야 하고, 위험 요소가 있다면 심장도 검사해야 한다.

물론 심장이식 기술이 발달하고 인공심장 기술도 발전했지만, 심장은 하나밖에 없음을 자각하고 행동하는 것이 우리가 취해야 할 가장 좋은 태도다. 우리의 심장을 기증자에게서 받은 아름다운 선물인 것처럼 보살피고 아껴보자.

4장

여성의 심장에 관한 의학적 수수께끼

"여자의 심장은 비밀을 담은 깊은 바다야."

영화 〈타이타닉〉 중
로즈의 대사

여자의 심장은 남자의 심장과 다르다고 하면, 너무 당연한 말일까? 나는 당연한 말을 했지만, 내가 그런 말을 한 이유는 당신이 생각하는 이유와는 다를지 모르겠다. 심장병이 여성의 주요 사망 원인이라는 사실을 알고 있는가? 심장병은 여성의 건강에 있어 제대로 이야기되지 않는 부분이고, 여성과 의료 전문가 모두 제대로 알고 있지 못한 부분이기도 하다. 여성의 심장은 남성의 심장과 구조가 다르고 심장마비도 다른 형태로 오지만, 이제까지의 심장 연구는 남성이 남성의 심장을 연구한 경우가 대부분이다. 심장마비가 오면 여성이 남성보다 죽을 확률이 높다. 특히 젊은 여성이 더 위험하다. 여성의 심장을 아프게 하는 원인을 더 잘 알게 되면서 이 상황은 바꿔고 있다.

우리 사회는 전통적으로 여성의 심장을 획득할 가치가 있거나, 사랑을 보답받지 못하면 부서져버리는 연약하고 섬세한 기관으로 묘사한다. 책, 영화, 동화에 나오는 여성의 심장은 모두 그런 모습이다. 엄밀하게 말하면 그것은 사실이 아니다. 여성의 심장은 낭만적인 문학의 재료가 아니다. 여성의 심장은 생명을 줄 수 있고, 생명을 위협할 수도 있는 중요한 기관이다.

나에게는 정말로 가슴이 아팠던 환자가 있다. 나와 나이가 비슷한 그녀를 집중치료실에서 처음 보았다. 그녀는 생명 유지 장치에 의지해 살아 있었다. 집중치료실 벽에는 온통 건강한 모습으로 카메라를 향해 웃고 있는 사진이 있었기에 나는 그녀를 개인적으로 아는 것 같은 느낌이었다. 그곳에 누워 있는 사람은 그녀가 아니라 나일 수도 있다는 생각이 들었다.

며칠 전만 해도 그 환자는 아버지를 위해 파티를 준비했다. 하지만 그녀의 계획은 뜻대로 되지 않았다. 파티를 준비하는 동안 갑자기 너무나도 아팠기 때문이다. 그녀는 숨을 쉴 수가 없었고 가슴이 조이듯이 아팠다. 얼굴에서 땀이 비처럼 쏟아져 내렸고 발에 힘이 풀리면서 뒤로 넘어져 남편과 아이들에게 도와달라고 외쳤다. 가족들은 그녀를 차에 태워 다행히 약 5분 거리의 병원 응급실로 데려갔다. '다행'이라고 한 이유는 병원에 도착했을 때 그녀의 심장이 멈춰버렸기 때문이다. 의사와 간호사가 심폐 소생술을 하고 약을 투여하자 심장이 다시 뛰기 시작했다. 그녀의 병명은 심장마비였다. 하지만 왜? 아직은 젊고 건강했다. 아무리 생각해도 심장마비로 고

생해야 하는 사람은 절대로 아니었다.

의료진은 **관상동맥 조영술**coronary angiogram 검사를 했다. 특별한 염색약을 관상동맥에 주입해 막혔는지를 알아보는 검사다. 그녀의 심장마비는 심장의 주요 동맥이 파열되면서 온 것이었다. **자발적 관상동맥 절개**spontaneous coronary artery dissection라고 하는 이런 상태는 50세 미만 여성이나 출산한 지 얼마 안 된 여성에게서만 나타난다. 자발적 관상동맥 절개는 단순한 혈관 파열이 아니다. 심장 근육과 좌심실이 더는 펌프 작용을 할 수 없을 정도로 심하게 손상되어 심장은 가볍게 떠는 정도도 움직일 수 없다. 사진 속에서 친구와 포옹을 하며 활짝 웃는 여인이 갑자기 최신 기계와 약에 의지해야만 살 수 있는 사람이 된 것이다.

며칠 뒤에 그녀는 또 다른 생명 구조 절차를 밟으려고 수술실로 들어왔다. 그녀의 좌심실에는 심실보조장치가 장착되었다. 그 장치는 아픈 심장과 인공 펌프를 제거하고 기증받은 건강한 심장을 넣는 심장이식을 받기 전까지 그녀를 살게 해줄 것이다.

나는 그녀가 나와 아주 다른 사람이라는 생각이 들지 않았다. 하지만 그녀는 쓰러졌다. 수년 동안 나는 심장에 문제가 생겨 병원으로 오는 여자들을 볼 때면 그녀를 생각했다. 누군가는 태어나기도 전에 심장이 제대로 형성되지 않아 고생하고, 누군가는 당뇨 때문에, 고혈압 때문에, 유전자 때문에 고생한다. 하지만 그저 운이 좋지 않은 사람도 있다.

에스트로겐과 혈관

1990년대 말까지만 해도 심장 질환은 일반적으로 여성에게는 영향을 미치지 않는 질병이라고 생각했다. 실제로 아주 중요한 의학 잡지에도 여성에게 심장마비가 올 가능성은 남성보다 훨씬 낮으니 여성은 심장마비를 걱정할 필요 없고, 여자들을 치료하는 의사도 마찬가지라는 기사가 실리기도 했다.

그런 오해가 널리 퍼진 이유는 호르몬과 수학 때문이다. 생넌기가 오기 전까지 여성의 신체는 에스트로겐을 분비한다. 에스트로겐은 몇 가지 질병을 막는 효과가 있으므로 몸 안에서 분비되면 아주 유용하게 활용할 수 있는 호르몬이다. 에스트로겐은 뼈를 튼튼하게 해주기 때문에 골다공증(뼈가 약해지고 얇아져 쉽게 부러지는 증상)을 막아준다. 심장과 혈관에도 에스트로겐은 심장 질환을 막는 해독제 역할을 톡톡히 한다. 여성의 생식기가 만들어내고, 대부분은 여성의 생식기를 위해 사용되는 호르몬이 실제로는 다른 곳에서도 굉장한 역할을 하는 것이다.

콜레스테롤과 나쁜 지방 이야기가 기억나는지 모르겠다. 이 작은 괴물들은 혈관 벽 안으로 파고드는데, 이 콜레스테롤은 대식세포를 비롯해 온갖 세포를 끌어들인다. 대식세포는 감염체와 싸우고 염증을 없애고, 심지어 암까지 억제하는 등 면역계에서 아주 중요한 역할을 한다. 혈관 벽 안에서 대식세포는 맹렬하게 콜레스테롤을 공격한다. 대식세포가 씹을 수 있는 양보다 더 많은 콜레스테롤을 삼키면 지방 때문에 부풀어 올라 거품 세포로 변한다. 대식세포의 활동으로 생긴 거품 세포는 혈관 벽에 혈전을 만들고, 혈전이 쌓여 혈관이 막히면 뇌졸중이나 심장마비가 온다.

에스트로겐은 이런 작용을 여러 가지 방법으로 막는다. 지방이 혈관 안으로 침투하려고 하고, 그 때문에 대식세포가 혈관으로 들어와 의도치 않게 혈관을 손상시킬 때 에스트로겐이 등장한다. 에스트로겐은 지방과 대식세포를 비롯해 혈전을 만드는 모든 물질이 왔던 길을 되돌아가게 만들어 혈관을 비교적 깨끗한 상태로 유지하게 한다. 에스트로겐은 혈관 벽에 염증을 가라앉히라는 신호를 보내고, 콜레스테롤을 혈관을 상하게 하지 않는 곳으로 보내 저장한다. 혈관이 이완 상태로 탄력을 유지하게 해 확장된 혈관 안으로 계속해서 혈액이 흐르게 한다. 에스트로겐은 혈관의 요가 선생님으로 혈관이 평온해지고 깨끗해지도록 돕는다.

의사와 과학자는 두 가지 이유로 에스트로겐이 심장 질환에 중요한 역할을 하리라고 생각했다. 첫 번째 이유는 갱년기 이후에 여성의 심장마비 발병률이 늘어난다는 것이다. 실제로 갱년기 여성의 관상동맥에는 갱년기 전보다 혈전이 더 많이 쌓이고, 갱년기 이후에는 몸의 모든 동맥에 쌓이는 혈전의 양이 증가한다. 두 번째 이유는 호르몬 대체 요법Hormone Replacement Therapy, HRT을 받고, 합성 에스트로겐을 복용하는 여자들이 그렇지 않은 여자들보다 심장마비 발병률도 낮고 혈전도 적게 생성될 가능성이 크기 때문이다.

어쩌면 '에스트로겐이 심장 질환을 막아준다면 그냥 모든 사람이 에스트로겐을 복용하면 안 돼?'라고 질문할 수 있는데, 정말로 좋은 질문이다. 의사들은 뼈가 약해지거나 홍조가 발생하는 등의 갱년기 증상을 완화하기 위해서 호르몬 대체 요법을 처방한다. 심장 문제만으로 호르몬 대체 요법을 처방할 수 없는데, 그 이유는 크게 두 가지다. 첫째, 호르몬 대체 요법이 우리의 희망만큼 혈전 생성을 막아 동맥경화를 예방하는 효과가 크지 않다는 것, 둘째, 호르몬 대체 요법을 받았을 때 유방암이 발병하거나 다리와 폐에 혈전이 생기는(심부정맥혈전증) 여성도 있다는 것이다. 심장을 돌보려고 그런 위험을 감수하는 것은 바람직하지 않다. 호르몬 대체 요법을 고민할 때는 자신에게 어떤 이득이 있는지를 담당 의사와 반드시 상의해야 한다.

현재 과학자들은 에스트로겐을 비롯한 호르몬과 남녀의 신체 차이가 심장과 심장 건강에 정확히 어떤 영향을 미치는지를 강도 높게 조사하고 있다. 분명히 연관이 있다는 증거는 많지만 어떤 식으로 작용해 그런 연관을 만드는지는 아직 밝혀지지 않았다. 작용 방식을 더 많이 알게 되면 더 나은 치료법을 찾을 것이다.

여성의 심장

여자의 심장과 심장 질환을 집중적으로 살펴보는 것은 비교적 최근의 일이다. 덕분에 흥미롭고 중요한 발견이 이어지고 있다. 심장 질환이 남녀마다 다르게 발전하는 이유와 심장 질환에 남녀가 다르게 반응하는 이유가 밝혀지고 있는 것이다. 이는 단순히 흥미로운 과학 정보에 그치지 않는다. 심장 질환이 여성의 생명을 앗아가므로 그 문제를 해결하는 일은 정말로 중요하다.

오랫동안 남성만을 대상으로 심장 질환을 연구했다. 그 이유는 연구를 진행하는 방식과 관계가 있다. 임상 실험을 하려면 심장 질환 같은 질병이 있는 사람들이 실험 과정에 참여해 약을 먹거나 치료를 받으면서 진행 경과를 관찰할 수 있어야 한다. 의료진은 해당 치료를 받는 사람이 다른 치료를 받는 사람에 비해 병의 경과가 더 나은지, 기분이 나아지는지, 혹은 사망률이 높아지는지를 관찰한다. 심장마비는 남성에게 더 많이 오기 때문에 오랫동안 임상 실험에 참여한 이들 역시 대부분 남성이었다. 그 때문에 검사 결과도 치료 결과도 남성을 근거로 할 수밖에 없었다.

심장마비는 여성보다 남성에게 더 많이 오지만, 여성에게 오는 심장마비는 남성에게 오는 심장마비보다 더 가혹하다. 심장마비로 인한 여성의 사망률이 더 높고, 생존했다고 해도 심부전으로 고생하는 여성이 더 많으며, 평범한 일상을 영위하기 어려운 사람도 여성이 더 많다. 젊은 여성에게 이런 차이는 특히 가혹하게 작용한다. 심장마비가 온 50세 미만 여성은 심장마비가 온 50세 미만 남성보다 사망률이 두 배 정도 높다. 나에게 미쳤다고 할지 모르지만, 이건 차이가 나도 너무 심하게 나는 것이다. 이 통계 자료를 읽었을 때 제일 먼저 든 생각은 '도대체 왜?'라는 것이었고, 두 번째로 든 생각은 '우리가 할 수 있는 일은 무엇일까?'였다. 이 문제는 나중에 살펴보기로 하자.

먼저 우리는 여성의 심장을 살펴볼 것이다. 여성의 심장은 생물학적으로 남성의 심장과는 다르다. 정말로 매우 다르다. 가장 단순한 사실부터 생각해보자. 여성의 심장은 남성의 심장보다 작다. 그렇다고 심장의 급이 낮은 것은 아니다. 여성의 심장도 남성의 심장만큼 해야 할 일을 잘한다. 여자의 심장은 보통 남자의 심장보다 조금 더 빨리 뛴다. 하지만 건강 정도에 따라 전혀 차이가 나지 않을 수도 있다. 이런 차이들은 사실 중요하지 않다. 중요한 차이는 내부 작동 방식에 있다. 첫 번째 차이는 아주 흥미롭다. 심장마비는 지방과 면역계에 속한 세포들이 혈전을 생성해 심장으로 혈액을 공급하는 동맥이 막힐 때 발병한다. 이것이 가장 일반적인 심장마비로 관상동맥 조영술을 실시해 염색약을 동맥에 주입하면 실제로 막힌 동맥을 확인할 수 있다. 그런데 이런 식으로 심장마비가 오지 않을 수도 있다. 다른 이유로 심장마비가 오는 때도 있는데, 이 유형의 심장마비는 주로 여성에게서 발병한다.

자동차가 붐비는 도로에 갇혔다고 생각해보자. 1.5킬로미터 앞에 있는 왼쪽 차선에서 트럭이 고장 났기 때문에 고속도로에서 앞으로 가지 못하고 서 있을 수밖에 없다. 왼쪽 차선으로 달리던 모든 차가 트럭을 돌아 옆 차선으로 옮기면 남은 도로는 정말로 좁아진다. 첫 번째 유형의 심장마비는 이런 방식으로 생긴다. 혈관에 생긴 아주 큰 덩어리가 앞을 가로막아 혈액이 계속 막히는 것이다. 이제 도로 근로자들이 길 양쪽에 주황색 원뿔형 교통 표지를 놓고 도로 전체를 좁게 만든다고 상상해보자. 고장 난 트럭이 있는 길을 비집고 들어갈 필요는 없지만 좁은 도로를 통과하려면 속도는 느려질 수밖에 없다. 여성에게서 일어나는 심장마비는 이와 비슷하다.

여성의 관상동맥에서 혈전이 생기는 방식은 양쪽 차선을 모두 막아 전체 도로가 좁아지는 상황과 상당히 비슷하다. 그 때문에 여러 가지 부작용이 생겨 심장마비와 한판 벌이는 전쟁에서 여성에게 상당히 불리하게 작용한다. 이런 식의 심장마비가 오면, 관상동맥 조영술로 막힌 혈관을 찾아낼 수 없다. 교통 체증을 하늘에서 내려다 보면 아주 작은 주황색 원뿔형 교통 표지를 찾아낼 수 없는 것처럼, 관상동맥 조영술을 하면 눈에 띄는 아주 커다란 덩어리는 찾을 수 있지만 아주 작은 막힘은 찾을 수 없다.

두 번째 부작용은 여성의 대동맥이 행동하고 반응하는 방식 때문에 생긴다. 관상동맥은 혈관 벽이 근육으로 이루어져 있는데, 수축해 혈관을 좁히고 이완해 혈관을 확장한다. 여성의 동맥은 강하게 수축할 가능성이 훨씬 커서 혈관이 너무 좁아져 혈액의 흐름을 더디게 할 수 있다.

혈관 안쪽에는 아주 영리한 세포들이 모인 **내피**가 있다. 내피는 혈관을 지켜보는 역할에 만족하지 않고 여러 가지 중요한 일을 한다. 혈관을 이완하거나 수축하는 호르몬을 분비하고, 혈관이 손상됐을 때는 사방으로 혈액이 흐르지 않도록 혈액을 응고하라는 신호를 보낸다. 내피가 제 역할을 하지 못하면 근육이 수축해 혈관이 심하게 좁아지거나 점차 혈전을 만들어 혈관을 막는 등 온갖 종류의 참사가 발생한다. 과도하게 많은 나쁜 지방, 흡연, 고혈압 같은 여러 요인이 영리한 내피를 교란해서 제멋대로 굴게 할 수 있다.

심장 근육도 여성은 조금 다르다. 심장이 수축할 때를 **심장 수축기**라고 한다. 보통 심부전이 있다는 말은 심장이 펌프 작용을 제대로 하지 못한다는 뜻이다. 심장이 제대로 혈액을 내보내지 못하면 신체 조직과 기관은 필요한 혈액과 산소와 영양분을 얻지 못한다. 이것 말고도 심부전이 오는 이유는 또 있다. 심장 근육이 이완될 때를 **심장 이완기**라고 한다. 심장 이완기는 혈액이 심장으로 들어와 다시 온몸을 향해 나갈 준비를 하는 심장에게는 아주 중요한 기간이다.

심장을 풍선이라고 상상해보자. 텅 빈 풍선은 말랑말랑하고 유연하지만, 공기나 물을 집어넣으면 풍선 벽이 팽팽해진다. 팽팽해진 풍선은 말랑말랑하지도 않고 유연하지도 않다. 팽팽하고 단단하며 반짝거리기까지 한다. 이제 풍선 벽이 정말로 단단하고 두껍다고 생각해보자. 그 풍선은 공기나 물을 채우기 쉽지 않다. 벽이 아주 딱딱하다면 공기를 불어 넣어 팽창시킬 수 없다. 심상도 그런 상태가 될 수 있다. 의학 용어로 **이완기 장애**라고 부르는 상황이 되는 것이다. 심장이 너무 단단하게 굳어서 심장을 혈액으로 채울 수가 없게 되는 것이다. 심장이 온몸으로 보낼 수 있을 만큼 혈액을 충분히 채우지 못한다는 뜻이다. 단단해진 심장은 치료하기 어렵고 환자가 겪는 고통도 심각하다. 더구나 다른 이유로 심부전이 온 사람보다 사망률도 높다. 불행하게도 이런 심부전도 여성에게 훨씬 많이 나타난다.

당신은 심장 질환에 있어서 여성이 너무나도 불리한 패를 넘겨받았다고 생각할지 모르겠다. 하지만 이게 끝이 아니다. 아직 남녀의 가장 큰 차이는 살펴보지 않았다.

임신이 유발할 수 있는 문제들

출산은 아주 큰 성별 차이를 만드는 요소다. 아기를 기르는 여성에게 임신 기간에 특별하게 겪은 증상이 있는지 물어보면, 주로 부풀어 오른 발목, 변비, 위액 역류 등으로 고생했다고 한다. 나중에 멋진 보상을 얻지만, 여성들은 임신이 몸에 엄청난 스트레스를 준다는 데 대부분 동의할 것이다.

정말로 그럴 수밖에 없다. 임신 9개월 동안 여성의 몸은, 특히 심장은 엄청난 스트레스를 받는다. 심장은 배 속에 있는 아기를 돌보려고 더 빨리 뛰고, 아기에게 영양분을 공급하려고 몸으로 나가는 혈액을 더 많이 밀어낸다. 이게 끝이 아니다. 임신 호르몬 때문에 여성의 혈관은 훨씬 유연해지고 넓어지며 아직 확실하게 밝혀지지 않은 여러 과정이 진행된다.

임신은 몸에 큰 스트레스를 주는데, 특히 심장에 영향을 미치는 질병을 초래할 수 있다. 그전에는 없었지만 임신한 뒤에 나타나는 병이 있는데, 이런 병은 임신 기간이 지난 뒤에도 평생 특별히 관리해야 하는 질병으로 발전할 수 있다.

임신 기간과 임신 기간이 끝난 뒤까지 여성의 심장에 영향을 주는 첫 번째 질병은 **임신성 당뇨**다. 임신 기간에 나타나는 당뇨는 어머니와 태아 모두에게 크게 문제다. 임신성 당뇨 때문에 아기가 크게 자라면 출산 시 어머니와 아이 모두 위험해지고, 태어난 아기에게 큰 병이 생길 수도 있다. 어머니가 임신성 당뇨였던 아기는 나중에 당뇨가 올 수 있고, 임신성 당뇨인 산모는 임신 중독증으로 고생할 가능성이 크다.

자간전증도 심각한 임신 중독증 가운데 하나다. 자간전증이 나타난 산모는 혈압이 매우 높아지고 콩팥에서 단백질을 거르지 못해 소변으로 방출된다. 자간전증을 치료하지 않고 그대로 두면 콩팥, 간, 혈액 세포에 문제가 생기는 자간eclampsia으로 발전한다. 자간이 심한 산모는 발작을 일으키기도 한다. 당뇨와 마찬가지로 아픈 엄마는 아픈 아기를 낳는다. 자간전증이나 자간이 올 정도로 심하지는 않지만, 혈압이 높은 산모라면 이 사실을 반드시 명심해야 한다.

임신성 당뇨와 자간전증은 출산한 후 보통 나아진다. 몸 상태가 정상으로 돌아왔다고 해도 임신 중에 혈압이 높아지거나 당뇨가 생겼다는 것은 그런 질병에 취약한 몸임을 알려주는 증거다. 당뇨와 고혈압은 심장 질환을 초래하는 주요 요인이다. 당뇨와 고혈압은 혈관과 심장에 직접적인 해를 끼친다. 의료진은 임신 중 당뇨나 자간전증이었던 여성을 그렇지 않은 여성보다 훨씬 더 세밀하게 관찰해야 한다는 사실을 알아가고 있다. 이 여성들은 출산한 뒤에도 몇 년 동안은 몸 상태를 점검하고 돌봐야 한다.

여성의 심장을 괴롭히는 문제들

- 임신은 심장에 직접적인 해를 끼치고 미래에 발병할 수 있는 질병을 미리 보여주는 '스트레스 검사' 과정이 될 수 있다.
- 다낭성 난소 증후군polycystic ovary syndrome도 여성의 과체중을 유발해 심장 건강을 해칠 수 있다.
- 여성은 면역계가 과도하게 활동하며 이상이 생기기 쉽다. 자가 면역 질환은 심장에 과도한 스트레스를 주고 심장을 아프게 한다.
- 자발적 관상동맥 절개, 이완기 심부전, 산욕성 심근증(출산 후 심장의 펌프 기능이 아주 약해지는 질병)처럼 여성에게 주로 나타나는 심장 질환도 있다.

• 당뇨 같은 질병은 남성보다는 여성의 심장에 더 치명적으로 작용한다. 여성이 남성보다 당뇨 합병증으로 고생할 가능성도 크다.

심장마비: 영화와 현실은 다르다

사람들은 보통 영화나 텔레비전 프로그램을 통해 심장마비를 접한다. 대중 매체에서 묘사하는 심장마비는 거의 비슷하다. 대개 남자가 가슴을 부여잡고 극도로 괴로워한다. 이 남자는 땅에 쓰러지고 주변 사람들이 남자를 에워싸고 지켜보는 동안 한 사람이 사람들을 비집고 들어와 자신이 의사라고 소리친다. 남자의 심장이 멈췄어도 의사가 **심폐 소생술**을 하면 남자는 기적처럼 의식을 회복한다. 영화 〈사랑할 때 버려야 할 아까운 것들〉에서 다이앤 키턴의 걱정을 한 몸에 받은 잭 니컬슨은 무사히 회복되고, 환자복 뒤로 잭 니컬슨의 엉덩이가 보이면서 심장마비 에피소드는 해피 엔딩으로 끝난다.

하지만 심장마비는 그런 식으로 진행되지 않는다. 여자도 남자도 마찬가지다. 심장마비가 오는 사람들은 대부분 가슴 통증을 느끼지만 영화처럼 극적인 통증은 아니다. 몇 년 전에 내가 만난 한 남자가 묘사한 것처럼, 심장마비의 전조가 되는 가슴 통증은 "코끼리가 가슴을 누르는 것처럼" '묵직'하다. 가슴 통증은 턱까지 올라올 때도 있고 팔이나 등을 타고 내려갈 때도 있다. 많은 환자가 극심한 아픔을 느끼고 심지어 토하는 사람도 있다. 심장이 받은 부담을 줄이려고 다량의 아드레날린이 분비되기 때문에 땀이 나고 창백해지는 사람도 있다. 심장마비가 올 때 앉아서 쉬면 괜찮아지는 사람도 있지만, 그렇지 않은 사람도 있다. 실제로 심장마비가 어떻게 오는지를 알면, 할리우드 사람들은 크게 실망할 것이다.

여자들에게 심장마비가 오는 방식은 조금 더 미묘하다. '묵직한' 통증을 겪는 여성의 비율은 남성보다 낮다. 심장마비가 온 여성 가운데 절반만이 '묵직한' 통증을 느낀다. 여자들은 의료진이 쉽게 알아차리지 못하는 까다로운 증상을 보이기에, 정말로 잘못된 것인지 알아내기가 매우 어렵다. 여성은 턱이나 배 위쪽, 때로는 등처럼 조금은 터무니없는 곳이 아프다. 그저 지독하게 피곤하다거나 계단을 올라가거나 개와 산책하는 일상적인 일을 할 때도 갑자기 숨이 가빠지기도 한다.

내가 이렇게 말할 때마다 모든 여자가 눈을 흘기며 말한다. "글쎄요, 전 언제나 피곤한걸요. 심장 때문은 아니에요." 다행히 그분들의 말은 옳다. 하지만 바로 그 점이 중요하다. 여자들에게 오는 심장마비는 살면서 느낄 수 있는 단순한 등의 통증인지, 심각한 증상인지 구별하기 어렵다. 정확히 판단하지 못하는 것은 피곤을 느끼는 사람만이 아니다. 의사와 간호사도 증상을 놓칠 때가 있다.

한번은 한 의사가 나에게 전화했다. 얼마 전에 심장마비가 온 환자가 있는데 심장 절개 수술을 해 심장마비를 일으킨 혈관을 찾아 고쳐달라고 부탁했다. 환자는 40대 중반에 흡연자고, 그녀의 아버지는 50세에 심장마비로 사망했다고 했다. 환자는 의사들이 비전형적 흉통이라고 부르는 증상을 호소하며 응급실에 왔다. 이 말은 할리우드 영화에서 보이는 것과는 사뭇 다른 가슴 통증을 느꼈고, 의사들은 그런 통증은 심장과 아무 관련이 없다고 생각할 때가 많다는 뜻이다. 하지만 누군가가 환자에게 혈액 검사를 받게 해 그녀의 증상이 사실은 심장마비임을 밝혔고, 관상동맥이 막혔는지를 확인하는 검사에서 의료진은 실제로 관상동맥이 막혔음을, 그것도 심각하게 막혔음을 발견했다.

의사와 대화하는 동안 나는 그 의사가 아주 감탄하고 있다는 것을 느꼈다. 그 의사는 '정말 기이하지 않아요? 그걸 검사할 생각을 하다니. 정말 운이 좋았죠'라는 뉘앙스를 풍겼다. 마치 거대한 수수께끼의 해답을 우연히 발견한 것처럼 말이다. 이런 경우는 드물지 않다. 환자도 의사도 퍼즐 조각을 제대로 맞추지 못한 채 심장마비는 속임수에 능하다는 사실을 줄곧 인지하지 못한다. 심장마비는 다른 모습으로 위장할 뿐 아니라, 피곤한 여성으로 가득 찬 방에서 보통은 자신은 아무것도 아니라는 모습을 하고 있다.

한 동료가 자신을 찾아온 젊은 여성의 이야기를 했다. 그 여성은 40세 변호사였다. 그녀는 날씬했고 건강했으며, 일주일에 서너 번 달리거나 걸었고, 단 한 번도 담배를 피운 적이 없고, 술도 거의 마시지 않았으며, 자기 관리를 열심히 했다. 그녀가 예전처럼 빠른 속도로 걷지 못하는 이유를 누구도 밝혀내지 못한 건 그 때문인지도 모른다. 조금이라도 빠르게 걸으려고 하면 목의 옆쪽이 아파서 걸을 수가 없었다. 그녀는 세 명의 의사를 찾아갔는데, 의사들 모두 머리를 긁적이며 그녀에게 혈액 검사와 목 초음파 검사를 받게 했다.

누구도 통증의 원인을 몰라 좌절하기 직전에 젊은 변호사는 심장병 전문의이자 여성인 내 동료를 만났다. 동료는 직언을 아끼지 않는 솔직한 사람으로, 자신을 찾아온 환자에게 말했다. "환자분 심장에 문제가 있다고 해도 놀라지 않을 것 같아요. 젊고 건강하지만 심장을 검사해보겠습니다." 두 사람은 심장을 살펴보았다. 건강하고 날씬한 젊은 여자에게 관상동맥 조영술을 실시해 목의 통증이 관상동맥이 막혀서 생긴 것인지를 알아보았다. 동료가 나에게 준 사진을 보고 공포 영화를 본 것처럼 숨이 막혔다. 두 사람은 엄청난 문제를 찾아냈다. 심장에서 가장 크고, 어쩌면 가장 중요한 동맥이 아주 단단하게 막혀 있었다. 그래도 이 이야기는 해피엔딩이다. 젊은 변호사는 치료받았고 무사히 회복했다. 하지만 누구나 그런 행운을 누릴 수 있는 것은 아니다.

젊은 변호사는 목에 통증은 있었지만, 건강한 생활 습관 때문에 무언가 잘못됐음이 분명하다고 생각하는 사람이 나타나기 전까지 관상동맥 조영술이라는 적절한 검사를 받아야 한다는 의사 소견을 들을 수 없었다. 이 여성에게 심장마비를 일으킬 요인이 전혀 없었기 때문이다. '전형적인' 심장마비 발병 요인이 없는 여자들은 관상동맥 조영술 검사를 받아야 한다는 조언을 들을 가능성이 아주 낮다. 그런데 앞서 살펴본 것처럼 관상동맥 조영술로도 심장마비의 원인을 밝히지 못할 때가 있다.

의학계는 오랫동안 심장마비 치료법을 크게 개선해왔다. 환자가 여자가 아니라면 말이다. 도대체 왜 여자들은 늘 최상의 상태에서 배제되는가? 내가 아는 한 정체불명의 남자들이 한 방에 모여서 가장 좋은 약은 남자에게만 처방해야 한다고 결정하지는 않는다. 실제로 진실은 훨씬 복잡하다.

여자의 심장이 작동하는 방식은 남자의 심장이 작동하는 방식과는 다르다. 이 사실은 이미 살펴보았다. 따라서 심장을 치료하는 방법도 달라야 한다. 여성의 심장 질환을 치료할 때, 의료진은 전혀 다른 야수를 상대해야 한다.

오랫동안 임상 실험에 자원한 사람은 주로 남성이었고, 심장 질환과 싸우려고 개발한 의약품과 수술 방법은 대부분 남성을 대상으로 시험했다. 그 때문에 남자들이 걸리는 심장 질환에만 어떤 효과가 있는지를 확인할 수 있었다. 그렇게 찾은 약과 수술 방법을 여성에게 적용할 때, 여성에게 맞게 개선해 사용하지 않았다. 여성 환자에게는 그다지 좋은 효과가 나타나지 않았고, 여성에게 맞는 약과 수술 방법도 아직 찾지 못했다.

심장병에 있어 남자들보다 모든 점에서 불리한 여자들의 상황을 생각하면 나는 너무 화가 나고 슬프다. 또 내 심장의 건강을 조금은 걱정할 수밖에 없다. 이건 정말로 곤란한 상황이다. 특이 증상을 보이는 모든 사람을 단순히 의심과 가정에 근거해 실험(특히 몸에 칼을 대야 하는 실험)할 수는 없다. 더구나 실험에는 위험이 따르기 마련이라 함부로 사람들을 위험에 노출시킬 수 없다. 얼마 전부터 과학자와 의사는 심장 검사할 때 사용하는 방법들을 점검하고, 여성들에게 가장 적합한 새로운 방법을 모색하고 있다. 아직은 절망하지 말자. 상황은 바뀌고 있으니까.

여성의 심장, 그 미래

늦었지만 숙고의 대상이 되자, 여성의 심장은 점점 더 주목받고 있다. 전 세계 과학자들이 여성의 심장이 던지는 질문을 면밀하게 살펴보고, 여성의 심장을 둘러싼 수수께끼들을 풀기 위해 애쓰고 있다. 심장 질환이 남녀의 몸에서 어떤 식으로 다르게 작용하는지를 밝히고, 여성의 심장이 행동하는 방식을 밝혀 더 나은 치료법을 찾고자 한다.

우리가 할 수 있는 가장 중요한 일 가운데 하나는 심장 질환을 남자들의 질환이 아닌 여자들의 질환에 관한 이야기로 바꾸는 것이다. 전 세계적 캠페인('Go Red for Women'이나 'Making the Invisible Visible' 같은) 덕분에 심장 질환을 앓고 있는 여자들과 가족, 의료진의 경각심이 높아지고 있다.

시선을 더 가까이 돌려 당신의 심장에 어떤 미래가 기다리고 있을지 생각해보자. 심장 질환을 앓는 여자들의 치료가 쉽지 않음을 생각해보면, 치료보다 예방이 훨씬 중요함을 알 수 있다. 심장 질환은 충분히 예방할 수 있다. 당뇨와 고혈압은 보통 수년 동안 나쁜 습관이 쌓여 발병하고 '생활 방식'도 영향을 미친다. 게다가 유전자도 한몫한다. 운이 좋아 심장 질환을 막아주는 유전자를 가졌을 수도 있지만, 삶을 훨씬 힘들게 만드는 유전자가 있을 수도 있다.

여성의 심장은 아름답다. 여성의 심장은 그저 영화나 로맨스 소설의 소재가 아니다. 당신의 인생에 있었던 모든 여성을, 당신이 얼마나 그분들이 오래 행복하게 살기를 바랐는지 떠올려보자. 과학이 여성의 심장이 처한 어려움을 해결하기 위해 노력하고 있다. 당신은 당신이 할 수 있는 모든 노력을 다해 당신의 심장을 돌보자.

내 심장 돌보기: 여성을 위한 커닝 페이퍼

흡연, 과체중, 육체 활동 부족, 당뇨, 고혈압 같은 심장 질환이 올만한 위험 요소를 적어도 한 개 가진 사람은 전체 여성의 80퍼센트를 상회한다. 세 개 이상인 사람도 60퍼센트에 달한다. 의사를 만나 이런 요소들을 관리하는 방법을 알아보자.

- 자신이 가진 위험 요소를 알아야 한다. 심장 질환을 앓고 있는 가족과 대화하고, 혈압과 콜레스테롤 수치를 측정하고, 당뇨 위험 정도를 알고 있어야 한다. 지식은 변화할 수 있는 힘이다.
- 임신 기간에 문제가 생겼다면, 임신 기간이 끝난 뒤에도 건강 상태를 면밀하게 살펴야 한다. 임신성 당뇨나 고혈압으로 고생한 사람은 임신이 끝난 뒤에도 당뇨나 고혈압 같은 질병에 걸릴 위험이 조금 더 클 수 있다. 의사도 그 사람이 각별한 주의를 기울이도록 조력해야 한다.
- 움직이자! 활기차게 걷거나 달리는 사람은 심장 질환을 유발하는 몹쓸 유전자가 있다고 해도 발병률을 절반까지 낮출 수 있다.
- 말하고 다니자. 여성의 심장을 알리고 널리 지식을 전파해 모든 여성이 자신의 심장을 돌보게 하자.

5장

사랑으로 치유될 수 있을까

세상에서 가장 아름답고 좋은 것들은 볼 수도 없고 만질 수도 없다.
오직 마음으로만 느낄 수 있다.

보고 듣지 못했던 작가, 정치 활동가, 강연자
헬런 켈러

수련의로 처음 심장 수술실에 들어갔을 때, 열린 가슴 사이로 뛰는 심장이 얼마나 경이로웠는지 모른다. 내 가슴을 뛰게 한 것은 그 심장만이 아니었다. 환자들도 내 가슴을 뛰게 했다. 수술받는 환자들은 내가 만나 본 그 어떤 사람들보다 용감하고 회복력이 강했다.

로라 이야기

하루는 병원에 출근하자 그 당시에는 상당히 희귀했던 심장과 폐 이식 수술을 해야 한다는 말을 들었다. 내가 심장외과 전문의가 되겠다고 결심하게 된 수술이자, 사랑의 힘을 알게 된 수술이었다.

환자는 로라라는 아주 멋진 여성이었다. 로라는 **동맥간증**truncus arteriosus이라는 희귀한 심장 질환을 가지고 태어났다. 심장에서 밖으로 나가는 큰 동맥은 대동맥과 폐동맥 두 개인데, 로라에게는 두 동맥이 합쳐진 동맥 하나밖에 없고, 판막도 한 개뿐이라 심장이 정상적으로 기능하지 못했다. 그 때문에 심장과 폐는 엄청난 부담을 받았고, 몸은 산소를 제대로 공급받지 못해 피부와 입술이 파래졌다. 로라가 태어났을 무렵에는 그 문제를 고칠 수 있을 만큼 심장 수술 기술이 발달하지 못했다. 그녀는 40년 동안 아픈 심장으로 살아야 했고, 이미 아픈 심장과 폐는 점점 더 나빠질 수밖에 없었다.

수술은 성공적이었다. 열 시간가량 진행된 수술이 끝나자 로라는 중환자실로 옮겨가 연약한 새로운 장기가 새로운 집에 적응할 수 있도록 계속 잠을 잤다. 새로운 심장과 폐가 올바른 방향으로 혈액을 흘려보내기 시작하고, 온몸에 산소를 가득 머금은 혈액이 채워지자 거무죽죽하던 그녀의 입술이 분홍색으로 바뀌었다. 그 모습은 정말로 아름다웠다.

수술받기 전에 로라는 정말로 아팠기 때문에 수술 후에도 몸이 쉽게 회복되지 않았다. 몸이 회복되는 동안 다른 장기들에 여러 가지 '부수적 피해'라고 부를 만한 문제가 생겼다. 이미 스트레스를 받고 있던 몸은 수술이나 회복되는 과정에서 가해지는 부담에 극심하게 반발했다. 모든 기능을 제대로 유지하려고 복용하는 약은 말할 것도 없었다. 수술에서 회복되는 동안 로라의 몸은 그 어느 때보다 극심한 스트레스를 받았다. 로라가 수술을 받고 몇 주 정도 지났을 때, 나는 병동을 돌다가 다른 의료진들과 함께 서서 로라가 한 사람이 짊어지기에는 너무나도 무거운 장애물에 직면해 있다며 안타까워했다.

물론 로라가 혼자 그 짐을 모두 짊어질 필요가 없다는 것을 알고 있었다. 로라의 회복에는 약이나 의사 못지않게 극진하게 그녀를 돌봐주던 남편 앤드루의 역할이 중요했다. 남편의 사랑은 로라를 훨씬 건강하게 만들었다. 아주 느린 속도였지만 로라는 회복 과정의 모든 어려움을 극복하고 마침내 집으로 돌아갔다. 그 후 10년 동안 나는 로라, 앤드루와 연락하며 지냈고, 두 사람이 함께 만들어 가는 충만한 삶을 보며 끊임없이 감탄했다.

사랑의 진앙

병원에서는 언제나 사랑을 목격할 수 있다. 사랑은 사람들을 하나로 묶는다. 나는 한 사람의 사랑이 환자의 회복에 아주 큰 영향을 미치는 모습을 목격하고 경이로움을 느끼곤 한다. 사랑받고 사랑하는 환자에게는 회복되는 방향으로, 건강해지는 방향으로 움직이게 하는 정말로 특별한 무언가가 있다. 다행히 우리는 심장과 폐를 이식하는 엄청난 사건을 경험하지 않고도 사랑이 건강에 주는 혜택을 충분히 알 수 있다.

아리스토텔레스부터 갈레노스까지 고대 그리스, 로마 시대 철학자와 의사는 심장은 감정이 생기는 근원지로 사랑, 용기, 연민이 생겨나는 곳이라고 했다. 잔인한 사람에게는 '시커먼 심장'이나 '검은 심장'을 가졌다고 하며, 그들의 행동이 비열한 영혼 때문만이 아니라 심장에 문제가 생긴 결과라고 생각했다. 검은 심장이라는 표현은 심장이 가지고 있어야 할 선함을 갖지 못했음을 강조한다. 사랑의 감정을 나타낼 때 심장은 가장 많이 등장하는 소재고, 지금도 '스윗하트sweetheart'는 사랑하는 사람을 지칭하는 애칭으로 쓰인다.

현대인은 고대 철학자들보다 심장이 작동하는 방식을 훨씬 더 잘 안다. 수세기 동안 과학자들이 우리 내면의 자아가 실제로 작동하는 방식을 보여주었음에도 우리는 심장이 사랑과 강하게 결합해 있다는 생각을 절대로 버리지 못한다. 사랑과 관계된 일은 여전히 '심장이 관여하는 일'이라고 부른다. 우리의 문화, 우리의 이야기, 우리의 마음속에서 심장은 사랑의 탄생지이자, 진앙이고, 지배자다.

심장과 사랑이 관련 있다는 것은 전혀 근거 없는 말은 아니다. 사랑하는 사람을 보면, 뛰는 박자를 놓친 것처럼 심장은 평소보다 빨리 뛴다. 사랑은 단순히 심장이 뛰는 반응이 아니라 훨씬 복잡한 작용이다. 사랑하거나 사랑받는다는 느낌은 기분만 좋게 하는 것이 아니라 몸과 마음에 좋은 호르몬과 신체 반응이 연속적으로 일어나게 한다는 뜻이다. 실제로 자기 연민과 자신을 사랑하는 마음은 건강에 좋다.

포옹: 옥시토신이 우리를 돕는 방법

마지막으로 포옹했던 순간을 떠올려보자. 어색했던 포옹이 아니라 삶에서 정말로 중요한 사람이 출근하기 전이나 오래된 친구를 공항에서 떠나보내며 하는 포옹 말이다. 그런 포옹은 당신의 영혼을 포근하게 만들고 사랑받고 있음을 느끼게 한다. 그저 그런 감정을 느끼는 것이 아니다. 사랑하는 사람과 포옹하면 몸도 훨씬 좋은 기분을 느낀다.

단순한 감정은 없다. 우리는 육체를 가진 존재로서 감정을 느낀다. 사랑도 마찬가지다. 사랑은 우리 내부에서 호르몬 작용이 진화한 결과로, 사랑에 관여하는 가장 중요한 호르몬은 옥시토신이다. 옥시토신은 흔히 '포옹' 호르몬이나 '사랑' 호르몬이라고 불리지만, 사실 사랑을 알기 훨씬 전인 생명의 초기 단계부터 중요한 역할을 하는 호르몬이다. 출산이 다가오면 여성의 뇌하수체(뇌 바로 밑에 있는 기관)에서는 자궁이 수축해 아기를 산도 밖으로 내보낼 수 있도록 옥시토신을 분비한다. 아기가 먹을 젖을 분비하게 만드는 호르몬도 옥시토신이다. 생애 처음으로 누군가의 사랑을 느끼게 해주는 호르몬이 바로 옥시토신인 것이다.

호르몬은 아주 작은 단백질인 펩티드로 이루어진 분자로, 보통은 세포 안에서 생성된다. 호르몬의 역할은 다른 세포에 다가가 그 세포의 기능을 바꾸는 것이다. 호르몬은 아주 작고 정교한 신호 분자 역할을 해, 한 사람이 보낸 신호가 방 끝에 있는 사람에게 전해져 무엇을 해야 하는지(또는 하지 말아야 하는지)를 지시할 수 있는 것처럼, 다른 세포에 해야 할 일(또는 하지 말아야 할 일)을 지시한다. 호르몬을 만드는 세포와 기관은 몸이나 주변 환경에서 특별한 활동이 감지되었을 때 호르몬을 방출한다. 하지만 주기적으로 호르몬을 방출하는 세포와 기관도 있다. 우리 몸은 다양한 역할을 하는 수많은 호르몬을 만든다. 에스트로겐은 난소가 만들고, 아드레날린은 신경

세포와 콩팥 위에 있는 부신이 만든다. 호르몬은 심장을 빨리 뛰게 하고, 사춘기가 시작되게 하며, 뼈에 칼슘이 쌓이게 하고, 심지어 우리를 잠들게 한다.

옥시토신은 태어난 직후에 아기가 경험하는 유대감에 중요한 역할을 하며, 어머니와 아기가 신호를 주고받는 전령 역할도 한다. 남녀 모두의 몸에서 옥시토신은 평생 분비된다. 옥시토신은 사교적이다. 기분이 좋을 때 분비된다. 몸이 옥시토신으로 가득 차면 훨씬 기분이 좋아진다.

얼마 전까지만 해도 옥시토신은 아기와 모유 수유에만 주로 관여한다고 알려졌다. 옥시토신에 관해 더 많은 사실이 밝혀지면서 과학자들은 옥시토신이 몸의 건강 전반에 중요한 역할을 한다는 것을 알아가고 있다. 이 '슈퍼' 호르몬은 심장에도 좋은 영향을 미친다. 섹스하거나 서로 유대감을 맺을 때 서로의 몸을 만지면 뇌하수체에서 옥시토신이 분비된다. 유대감이 꼭 사랑하는 연인 사이에서만 형성되는 것은 아니다. 가족, 친구들과 교감을 나눌 때도 옥시토신이 분비된다.

옥시토신이 심장에 여러 가지 좋은 역할을 한다는 사실도 밝혀졌다. 옥시토신은 건강한 심장에 생길 수 있는 문제를 막아 심장 건강을 지켜준다. 옥시토신이 심장을 지키는 방법은 다양하다. 먼저 염증과 싸워 심장을 지킨다. 염증은 몸이 아프거나 상처를 입었을 때 생기는 반응으로, 감염에 맞서 싸우거나 상처를 더는 악화시키지 말고 치료하라는 신호를 세포에 보낸다. 염증은 우리 몸의 중요한 방어 기제다. 문제는 염증이 다른 곳으로 퍼져나갈 수도 있고, 오히려 피해를 가중할 수도 있다는 것이다. 심장마비나 감염으로 심장에 염증이 생기면, 옥시토신은 염증으로 생기는 부수적 피해를 제한한다.

옥시토신은 심장과 직접적으로 관계있는 여러 기관계에 영향을 준다. 옥시토신은 혈관을 이완시켜 심장이 더 커진 혈관으로 혈액을 밀어내게 한다. 혈관이 좁고 작으면 심장은 혈액을 쉽게 내보내지 못한다. 옥시토신은 혈압을 낮춰 콩팥이나 뇌 같은 중요한 기관에 혈액을 공급할 때 중요한 역할을 한다. 마지막으로 옥시토신은 상처 난 부위에 영양소를 공급하는 새로운 혈관이 자라게 해 상처 치유를 돕는다.

그렇다면 모두 옥시토신 보조제를 먹는 게 좋지 않을까? 그럴 수도 있고 아닐 수도 있다. 출산할 때면 분만을 유도하려고 피토신이나 신토시논이라는 상표를 달고 나온 옥시토신을 산모에게 종종 처방한다. 아직은 옥시토신의 긍정적 역할을 밝히는 초기 단계이므로, 일단은 오래된 방식으로 옥시토신을 늘리는 것이 가장 좋다고 생각한다. 다른 사람을 사랑하고 서로 많이 안아주며 기분을 좋게 하여 호르몬을 늘리는 방법 말이다.

사랑이라는 감정에 강하게 관여하는 호르몬은 옥시토신 외에도 많다. 예를 들어 아드레날린은 누군가(특히 이제 막 알아가는)를 보고 흥분했을 때 분비된다. 도파민은 뇌가 보상을 받았음을 느꼈을 때 분비되어 행복한 기분을 느끼게 한다. 바소프레신은 옥시토신이 분비되는 곳에서 분비되며 옥시토신과 협력해 작용하지만, 가끔은 옥시토신 분비를 억제하기도 한다. 두 호르몬은 밀물과 썰물처럼 분비되는 양이 변화하며 복합계를 이룬다. 사랑할 때 생성되는 호르몬들이 중요한 이유는 그 호르몬들이 몸과 세포를 기분 좋게 하고 결국 우리를 건강하게 만들기 때문이다.

대니얼 이야기

심장외과 의사의 보살핌을 받기에는 너무 젊은 환자를 만난 적이 있다. 30대 중반이었던 대니얼에게 심장마비가 왔다. 유전과 당뇨 때문에 혈관이 심하게 막혀 관상동맥에 문제가 생긴 것이다. 심장에 언제든 문제가 생길 수 있어 대니얼은 병원에 입원했고, 혈전이 혈관을 막지 않도록 혈관을 확장하는 약을 계속 맞았다.

심장 절개 수술을 앞둔 사람은 평소에는 생각하지 못한 방식으로 자신의 삶을 다시 평가한다. 대니얼도 마찬가지였다. 그녀는 오랜 연인과 결혼식을 올리고 수술을 받겠다고 했다. 두 사람은 가족의 도움으로 병동에서 결혼식을 올렸다. 신부는 링거대를 들고 병동에서 가장 밝은 복도를 따라 걸었다.

결혼식을 올리고 이틀 후, 대니얼은 병동에서 가장 밝은 복도를 따라 수술실로 왔다. 그녀의 결혼식처럼 수술도 아무 문제 없이 진행되었다. 수술이 결혼식보다 시간이 더 걸렸지만 가장 사랑하는 사람과 이제 막 결혼한 상태이기에, 대니얼에게 문제가 생길 리 없을 거라 생각했다. 내 추론이지만, 모든 스트레스 호르몬과 심장 질환의 반대말은 사랑에 관여하는 호르몬일지 모른다. 대니얼은 최상의 몸과 마음 상태로 수술실에 들어온 것이다.

동반자

동반자와의 관계는 인생에서 가장 중요한 관계 가운데 하나다. 인생의 동반자와 맺는 관계에는 사랑과 신뢰와 우정이 상호작용한다. 건강한 관계는 사회적으로나 심리적으로 많은 것을 서로에게 주고, 신체 건강에도 커다란 영향을 미친다.

사랑이라는 감정도 다른 모든 감정처럼 단순히 마음속에서 생기지 않는다. 마음과 뇌는 몸의 나머지 부분과 밀접하게 관계를 맺고 있다. 사랑은 뇌 깊숙한 곳에 자리 잡은 감정의 중추(**변연계**)를 변화시키는 것으로 시작해 연쇄적으로 일어나는 여러 변화를 촉발한다. 사랑 때문에 변연계가 활성화되면 그 자극은 몸을 타고 움직이면서, 뇌와 몸의 스트레스를 낮추고 사회적이고 심리적인 저항력이 생겨나게 한다. 우리 몸과 마음의 저항력이 향상되면 변연계도 강해져 우리 몸은 더욱 강해진다.

사랑을 느끼면 변연계를 자극하는 감정은 신경계에 몸을 편하게 하라는 신호를 보낸다. 그 때문에 옥시토신 같은 호르몬이 혈관을 이완할 때처럼 심장 박동은 느려지고 혈압은 낮아진다. 우리 뇌에서 '보상 중추'라고 부른 부분도 활성화되어 우리가 아주 즐거운 일을 하고 있다는 신호를 몸에 보내기 때문에, 몸은 또다시 강해진다. 이런 신호 전달 과정은 한 번에 끝나지 않고 고리처럼 순환하면서 반복된다. 사랑받을 때는 온몸이 '녹아내리는 것 같다'고 표현하는데, 실제로 몸의 내부에서 스트레스, 분노, 육체적 고통이 녹아내린다. '녹아내린다'는 말은 적절한 표현으로 의학계나 과학계의 그 어떤 용어보다 아름답게 몸의 반응을 나타낸다.

이런 반응은 아플 때나 건강할 때나 우리 몸에 이로우며, 병이 생기지 않게 한다. 몸은 이렇게 귀중한 혜택을 모두 경험하는데, 어째서 우리는 아픈 걸까? 사랑이 아픈 몸을 치유할 수 있을까?

이 분야의 연구는 결혼한 사람을 대상으로 했는데, 여기에는 역사적인 이유가 있다. 과거에는 동거보다는 결혼이 훨씬 더 흔하게 관계를 맺는 방법이었다. 게다가 건강과 죽음에 관한 자료를 모은 데이터베이스에서도 기혼 여부 같은 세부 사항을 조사하기 더 쉽다. 우리는 결혼에 관해 이야기하지만, 결혼의 사회적·생물학적 이점은 법적 지위를 넘어서고, 결혼은 장기간의 관계를 나타내는 지표로 활용된다.

과거에는 한 사람의 기혼 여부를 그 사람의 건강 상태를 보여주거나 질병에서 회복될 수 있는 정도를 보여주는 중요한 요인이라고 생각하지 않았다. 하지만 관계가 건강에 아주 중요하다는 과학 증거가 나오고 있는데, 특히 심장에 더욱 중요하다.

심장 질환 환자를 관찰하면 기혼자가 미혼자보다 잘 회복되는데, 특히 남성 환자의 회복이 빠르다. 혼자 사는 남자가 기혼자보다 사망률이 두 배 정도 높다는 과학 연구 결과도 있다. 흥미롭게도 일처다부제 사회에서는 아내가 한 명인 사람보다 한 명 이상인 남자의 심장 건강이 더 나빴다.

이상한 점은 남자와 달리 여자에게는 결혼이 보호 효과를 발휘하지 못한다는 것이다. 기혼 여성의 심장은 사별하거나 미혼인 여성의 심장보다는 회복력이 좋지만, 남자만큼은 아니다. 그 이유는 아직 분명하게 밝혀지지 않았지만, 어쩌면 다른 사람을 돌보느라 정작 자기 자신은 제대로 돌보지 못하기 때문인지도 모른다. 게다가 심장 질환은 남자보다 여자를 더 아프게 하는지도 모른다. 모든 점을 고려해도 건강에 문제가 생긴 사람들은 사랑하는 동반자가 있는 것이 건강에 더 좋다.

남녀로 이루어진 전통적인 결혼만이 건강에 도움을 주는 것은 아니다. 동성 결혼도 건강에 좋다. 성 소수자의 건강은 이성애자보다는 좋지 않지만, 동성애자만을 비교했을 때 결혼한 사람이 더 건강하고 정신 질환도 적게 걸렸다. 미국에서 결혼한 레즈비언 부부는 건강검진을 더 자주 받았고, 보험에 더 많이 가입했다. 즉 결혼하기 전보다 병을 예방하거나 치료하려는 노력을 더 많이 했다.

실제로 병에 걸리기 전에 예방하는 것이 중요한데, 병을 예방한다는 측면도 남자가 결혼으로 엄청난 이득을 얻는 것처럼 보이는 영역이다. 결혼한 남자는 흡연이나 음주를 지나치게 많이 하는 습관을 버리고 살도 덜 찐다. 의사를 찾아가 건강검진도 받는다. 모든 부부가 결혼하면 사회적으로 어느 정도는 이득을 얻지만, 아내는 남편의 건강을 가장 중요한 일로 여기고 관리하는 것 같다.

결혼이나 안정된 관계가 주는 사랑과 평온은 당연히 중요하다. 안정된 관계의 질과 그에 따른 건강상의 혜택에는 관련이 있지 않겠는가. 과학자들은 관계가 염증에 미치는 영향도 연구한다. 놀랍게도, 안정적이고 만족스러운 관계는 우리 몸이 매일 감당해야 하는 염증의 양을 줄인다.

털이 달린 동반자와 인생을 함께 하는 것도 사랑을 주고받는 또 다른 소중한 방법이다. 반려동물과 교감할 때, 몸을 치유하고 질병과 싸우는 뇌 영역과 호르몬이 활동한다. 몸과 마음이 기분 좋아진다는 것도 반려동물과 함께할 때 얻을 수 있는 중요한 혜택이다.

건강을 위해 나 자신을 사랑할 수 있을까?

행복과 건강에 관한 조언은 모두 자신을 사랑하라는 가르침으로 귀결된다. 다른 사람이 나를 사랑하기 전에 먼저 내가 나를 사랑해야 한다. 육체적으로나 정신적으로 건강해지려면 반드시 자기 자신을 사랑해야 한다. 운동하는 이유는 몸을 사랑하기 때문이지 미워하기 때문이 아니다. 최근에 자기애self-love와 자기 연민self-compassion이 큰 관심을 받고 있다. 특히 외모, 행동, 태도, 입는 옷까지 여성을 속박하는 가혹한 기준에 투쟁하려는 여성들에게서 관심을 받고 있다. 자기애와 자기 연민은 우리가 추구해야 할 완벽한 삶에 완벽한 균형을 맞출 두 가지 요소다.

자기 연민이란 자신을 사랑하는 과정을 묘사하는 멋진 용어로, 그저 해시태그가 아니라 실제로 존재하는 사회심리적 현상이다. 그것은 실패하고 모자라는 부분이 있을 때조차 자기 자신을 향한 긍정적이고 온정적인 자세를 유지하는 태도다. 자신이 세운 목표나 기준에 도달하지 못했을 때도 자신에게 친절하게 대하는 마음이다. 자기 연민은 자신이 어떤 행동을 어려운 상황에서 하게 될 때가 많다는 사실을 이해하는 것이다. 자신이 혼자가 아님을 깨닫고 누구나 힘들다는 사실을 인지하는 것이다. 비현실적인 이상에 자신을 맡기지 않고 모든 것이 무너져 내렸다는 느낌 없이 부정적인 감정을 바라보는 것이다. 감정이라는 참사 속으로 뛰어들지도 않고, 압도적인 재앙에 파묻히지도 않은 채, 그 감정이 그곳에 있음을 인정하는 것이다.

자기 연민은 자부심self-esteem과 다르다. 자부심은 자신이 하는 일을 다른 사람과 비교하면서 주로 형성된다. 하지만 자기 연민은 자신의 감정과 자신을 바라보는 자기 자신의 견해를 살피고, 그 감정과 견해가 자신의 신체와 행동을 이끌어간다는 사실을 깨닫는 것이다.

자기 연민은 자신이 다른 사람의 친절을 받을 자격이 없다는 느낌이 들 때 아주 중요한 역할을 한다. 자기 연민의 감정을 기르면 힘든 시기를 헤쳐나갈 도구를 갖게 된다. 자기 연민을 결승전을 목표로 받는 훈련이라고 생각하자. 훈련받지 않고 곧바로 시합에 나가면 최상의 결과를 얻을 수 없다. 하지만 시즌 내내 훈련했다면 이야기는 달라진다.

삶과 감정을 이루는 많은 요소가 몸과 직접 연결되어 있다. 몸에 영향을 주는 감정 상태와 신체 반응은 긍정적으로든 부정적으로든 행동에 직접적으로 영향을 미친다. 결혼이 남자들의 건강에 미치는 영향을 다시 생각해보자. 사랑을 느끼고 보살핌을 받는다는 것이 결혼한 남자가 건강해지는 직접적인 이유이지만, 결혼함으로써 조금 더 건강한 생활을 하게 된다는 것도 남자의 건강에는 바람직한 영향을 미친다. 결혼한 남자는 흡연도 음주도 조금은 덜 하게 되고 몸무게도 적정하게 유지할 확률이 높다. 자기 연민도 결혼한 남자의 상황과 마찬가지로 작용한다. 특히 식습관과 체중 감량에 도움을 준다.

자기 자신에게 너무나도 엄격하고 자기 연민이 없는 사람은 자기 몸을 왜곡해서 생각할 수 있다. 자기 몸에 만족하지 못하기 때문에 식습관에 문제가 생긴(지나치게 많이 먹거나 너무 적게 먹는) 젊은 여자들은 자기 통제 능력을 기를 수 없다는 연구 결과도 있다. 다시 말해, 자기 자신을 자꾸 부정적으로 생각하고 자신의 결정을 지나치게 무겁게 받아들인다는 뜻이다. 자신을 긍정적으로 생각하고 장점을 소중하게 여겨야 한다는 것은 아이들에게 가르쳐야 할 덕목이지만, 사실 어른들도 배워야 할 덕목이다. 자신을 부정적으로 생각하는 젊은 여성의 뇌는 바짝 긴장한 채 끊임없이 자기 자신과 주변의 문제를 찾는다는 연구 결과가 있다. 이 여성은 완벽주의를 추구하지만, 그 방법이 좋지 않다. 그 완벽주의는 자신에게 가혹하지만, 자신의 몸을 돌보거나 사랑하지 않는다.

적정 몸무게를 유지하려고 애쓰는 사람이 많은데, 운동과 식습관도 행동이다. 행동은 자기 연민처럼 한 사람이 건강한 몸무게를 유지하거나 몸무게를 줄이는 능력에 영향을 미친다. 수년 동안 몸무게와 젊은 남녀의 자아상이 갖는 관계를 추적 조사한 연구를 살펴보자. 자부심이 낮거나 자아상이 부정적인 젊은 여자들은 그렇지 않은 여자들보다 몸무게가 더 나갔다. 흥미롭게도 남자들은 자아상과 몸무게의 관계가 여자들보다는 약했고, 나이가 들수록 더 약해지는 경향을 보였다.

우리가 가장 멋진 모습을 보이고 싶거나 가장 멋진 몸매를 유지하고 싶을 때, 예를 들어 데이트할 때는 자기 모습이 더 멋져 보이고 자기 외모에 확신하게 된다. 이런 확신은 자기 자신에 대한 견해에 아주 긍정적인 피드백을 보낸다. 그 피드백은 행동과 자부심에, 무엇보다 건강에 반영된다.

이 주제와 관련해 정말로 매력적인 부분은 우리가 자신을 용서하는 것self-kindness이나 자기 연민을 발휘하는 방식이다. 가끔은 건강보다 느낌을 우선순위에 둘 수도 있다. 연인에게 지독하게 상처받은 여자가 아이스크림을 통째로 꺼내 먹는 장면을 영화나 드라마에서 흔히 보았을 것이다. 진부하지만 실제로 일어나는 일이다. 우리는 힘든 자신을 위로하려고 초콜릿을 잔뜩 먹거나 담배를 피우거나 밤새 술을 마신다. 먹는 것으로 니코틴으로 알코올로 일상의 번뇌를 쓸어버리려고 한다. 그런 행동을 자기 친절을, 자기 연민을 실천하는 것이라고 생각하지만, 건강을 지킬 수 있는 습관은 아니다.

자기 위로의 기술과 자기 연민의 기술을 개발하는 것이 중요하다. 정크 푸드나 알코올에 기대지 않고 나 자신을 위로하는 방법을 찾아야 한다. 스스로 개발하고 연습한 자기 연민 행위는 직장에서 힘든 날을 보냈을 때, 파트너와 싸웠을 때, 다이어트 중에 과식했을 때 유용하고 건강하게 활용할 수 있다.

사랑은 만병통치약?

사랑의 힘으로 질병을 치유할 수 있다는 생각은 정말 아름답다. 안타깝게도 과학은 사랑의 효과를 분명하게 밝히지 못했다. 우리가 아는 것은 결혼이 심장 건강에 긍정적인 영향을 미친다는 것, 특히 남자가 더 많은 혜택을 본다는 것뿐이다. 자기 연민이, 다시 말해 자신을 사랑하는 행위가 건강에 분명한 도움을 준다는 명확한 과학적 증거는 아직 나오지 않았다.

사랑(다른 사람을 사랑하거나 자기 자신을 사랑하는)을 연구하는 과학은 여전히 탐구 중이다. 사랑은 실제로 치유력이 있을지도 모르지만, 과학의 세계에서 그 치유력을 100퍼센트 확신할 수는 없다. 하지만 사랑과 보살핌을 받지 못하는 반대 상황, 즉 고립되고 서글픈 상황에서는 심장이 크게 다칠 수 있다는 것은 확실하다.

사랑은 우리의 마음과 몸을 상당히 이해하기 어려운 방식으로 묶어주는 정신과 육체 건강의 영역이다. 심장에 관해 더 많은 사실을 알고, 감정이 심장에 미치는 영향을 더 많이 알아갈수록 사랑이 우리 몸에 영향을 미치는 방법과 경로를 더 분명하게 알게 될 것이다. 당분간은 사랑이 우리의 마음과 사회 발전에, 어쩌면 우리 몸에 좋은 작용을 한다는 사실을 아는 것으로 충분하다. 사랑은 우리가 기꺼이 줄 수 있고, 기꺼이 추구해도 좋은 약이다.

2부

심장을 살리는 처방전

6장

심장에 영양을 공급하자

제대로 먹지 않으면 제대로 생각할 수 없고
제대로 사랑할 수 없으며 제대로 잘 수도 없다.

작가
버지니아 울프

음식은 일상에서 정말로 중요한 부분을 차지한다. 사회생활을 하는 데도 음식은 중요한 역할을 하는데, 우리는 음식을 통해 특별한 날을 축하하고 가족, 친구들과 유대감을 쌓는다. 사랑하는 사람을 위해 요리하는 것은 일종의 보살핌이다. 음식은 누군가를 대접하는 수단이자 잘한 일의 보상이다. 우리는 음식을 너무 사랑해서, 음식이 없어서가 아니라 너무 많아서 병이 나는 시대를 살고 있다.

당신은 의대에서 영양학을 가르치지 않는다는 사실에 충격받을지도 모르겠다. 영양에 관한 내 지식은 의대가 아니라 대부분 모유 수유를 주제로 심도 있는 토론을 하면서 얻었는데, 그 토론의 결론은 분유나 모유 모두 동일하다는 것이었다. 내가 오랫동안 영양소나 열량을 최소한으로 제공하고, 고통만 크게 주는 미심쩍은 식단을 줄곧 따랐다는 사실에 놀라는 사람은 없을 것 같다. 나 말고도 그런 사람은 정말 많으니까.

의대를 졸업하고 본질적으로 우리가 먹는 음식이 문제의 근원일 수 있는 의료계에서 일하면서, 나는 음식이 우리를 아프게 만드는 이유를 알게 되었다. 의사로서 나는 '잘 드세요'라는 말을 적절한 조언이라고 생각한 적이 단 한 번도 없다. 잘 먹으라니, 무엇을 먹어야 잘 먹는 것이며, 어떻게 먹어야 잘 먹는 것일까? 고백하자면 나는 음식을 사랑한다. 몸에 나쁜 음식도 많이 먹는다. 우리가 먹는 음식과 그 음식을 먹는 방법은 복잡한 사회·생물·심리 과정으로, 좋은 선택을 하려면 풀어야 할 문제가 아주 많다.

과체중이 건강에 좋지 않다는 증거는 어디에나 있다. 의사, 인스타그램 운영자, 어머니 외 많은 사람이 당신에게 먹어야 할 음식과 먹어야 할 시간에 관해 조언할 것이다. 하지만 그런 조언은 무엇을 먹어야지 최상의 건강을 유지할 수 있는지 확실한 정보는 거의 주지 못한다.

영양학이 발전하면서 질병과 싸우는 능력을 기르려면 어떻게 먹어야 하는지, 즉 섭식에 관한 지식이 점점 늘고 있다. 다이어트하는 사람들은 주로 열량을 중요하게 여기지만, 음식의 양이 아니라 질이 건강에 직접적으로 영향을 미친다는 사실이 밝혀지고 있다.

음식은 심장에 다양한 방식으로 영향을 미치지만, 그 가운데 가장 큰 영향은 관상동맥과 관계가 있다. 앞서 살펴본 것처럼 관상동맥이 막히면 심장마비가 오거나 심장마비의 전구 증상인 협심증이 온다. 관상동맥을 막는 물질은 혈관 벽에 붙어 부풀어 오르는 혈전인데, 혈전은 음식으로 섭취한 지방(콜레스테롤)을 다량 함유한다. 이 사실이 밝혀진 뒤로 심장병을 물리치려는 용사들은 주로 지방을 적으로 규정하고 공략했다. 또 혈관을 도는 지방과 콜레스테롤의 양을 낮출 수 있는 음식과 약이 개발되었다.

혈액에 들어 있는 지방에 관한 지식은 급격하게 빠른 속도로 쌓이고 있지만, 지방의 역할과 지방을 줄이는 약과 식품에는 어떤 것이 있는지는 여전히 결론을 내리지 못하고 있다. 새로 추가되는 지식과 상관없이 비만, 당뇨, 높은 혈중 지방 수치가 심장병과 관계 있고, 심장에 독성 작용을 한다는 사실은 분명하다. 어떻게 해야 독성 작용을 막을 수 있을까?

비만

몇 년 전에 40대 여성을 수술한 적이 있다. 그녀는 심장 동맥이 심각하게 막혀 집 주위를 걷는 것만으로도 극심한 가슴 통증을 느꼈고, 몸무게가 140킬로그램이 넘는 병리적 (고도) 비만 환자였다. 병리적 비만은 그다지 멋진 용어는 아니지만, 한 사람이 목숨을 위협하는 질병과 합병증에 쉽게 걸릴 정도로 지방이 과도하게 쌓여 있음을 분명하게 알려주는 용어다. 심장병도 이 환자가 겪은 합병증 가운데 하나였다.

수술은 성공적이었다. 막힌 동맥을 대체할 우회로 이식 수술을 두 번 했고, 협심증은 사라졌다. 회복도 괜찮았다. 가슴 통증 때문에 많이 걸을 수 없어 회복이 더디기는 했지만, 큰 문제는 생기지 않았다. 하루는 아침에 회진할 때였다. 그녀는 병원에서 준 토스트 한 조각 외에 토스트 여섯 조각을 더 가지고 있었다. 높이 쌓인 토스트에 버터가 잔뜩 발라져 있었다. 그녀는 식사 담당 직원에게 토스트를 몇 개 더 달라고 부탁했을 뿐 아니라 토스트를 싫어하는 환자들에게서 토스트를 받았다.

수치심이 끔찍한 동기가 되어 행동을 바꿀 때도 있다. 좌절이 늘 나쁜 결과를 불러오는 것은 아니다. 함께 회진을 돌던 의사 한 명이 너무나도 화가 나서 그 환자에게 다가가더니, 이렇게 죽어라고 먹는 버릇을 고치지 않으면 절대로 회복되지 않을 거라고 했다. 잔뜩 화가 난 그 의사는 환자를 똑바로 보면서 말했다. "환자분은 심장 수술을 받았습니다. 심장 절개 수술을 받았단 말입니다. 도대체 그런 일을 겪고도 변하지 않으면 어떻게 합니까?" 격분한 말투가 불편했지만, 그 의사는 정말 중요한 문제를 제기했다. 몸무게 때문에 심장 문제가 생길 때조차 살을 뺄 수 없는 이유는 무엇일까?

비만은 사람들의 건강을 해치는 가장 나쁜 공공의 적으로 공표되었고, 세계보건기구 같은 건강 관련 조직과 정부는 해결해야 하는 긴급한 대중 건강 문제 목록에서 비만을 최상위에 올렸다. 전 세계 비만 인구는 성인과 아동 가릴 것 없이 증가하고 있다. 1980년대 초반부터 지금까지 전 세계 비만 인구는 두 배가량 증가했다. 심지어 개발도상국에서도 이제는 영양 부족이 아니라 과식과 과도한 열량 섭취 때문에 병이 생기는 경우가 더 많다.

미국과 오스트레일리아는 전체 인구의 3분의 2 이상이 과체중이거나 비만이다. 지나치게 몸무게가 많이 나가는 사람 때문에 비행기 좌석이 망가졌다는 이야기는 뉴스가 되지만 심장 질환, 뇌졸중, 여러 암 같은 10대 사망 원인에 속하는 질병 대부분이 비만과 관련 있다는 사실은 그다지 주목을 받지 못한다. 열량이 높은 음식, 과식, 가정과 직장에서 거의 움직이지 않는 삶, 점점 늘어나는 티브이 시청 시간, 컴퓨터 사용 시간이 모두 우리를 뚱뚱하게 만든다. 우리는 에너지는 덜 소비하고 음식은 더 많이 섭취한다. 섭취하는 에너지가 소비하는 에너지보다 많으면 몸은 남은 에너지를 나중에 쓰려고 저장하기 때문에 몸무게가 늘어난다.

다시 환자에게로 돌아가보자. 그녀는 어떻게 병리적 비만 상태가 되었을까? 간단히 말하면 활동하는 데 필요한 양보다 훨씬 많이 먹기 때문이다. 먹고 소비하는 관계를 보여주는 수학은 정말 깔끔하고 단순하다. 하지만 우리의 삶은 그렇지 않고, 먹는 일도 그렇게 단순하지 않다. 인간은 유전자와 환경, 감정과 신체 작용 등이 복잡하고 매혹적으로 얽힌 존재다. 몸무게가 느는 이유는 먹는 것보다 쓰는 것이 훨씬 적기 때문이지만, 실제로 비만이 되는 이유는 여러 상황이 복잡하게 얽힌 결과다.

DNA와 유전자는 우리 몸이 어떤 식으로 만들어지고 작동해야 하는지를 알려주는 설계도 역할을 하는데, 과체중 문제에서 유전자가 문제를 일으킬 수도 있다. 유전률heritability은 유전자가 눈의 색이나 키, 몸무게 같은 특정 형질에 기여하는 정도를 나타낸다. 오랫동안 진행한 과학 연구 결과, 현재 우리는 유전자가 몸무게에 영향을 미치는 정도를 40~70퍼센트 사이의 어디쯤이라고 이해한다. 과체중이거나 비만한 사람 가운데 체중 증가를 유발하는 단일 결함 유전자를 가진 사람은 극히 적다.

유전자가 살이 쪄야 한다는 결정을 미리 내렸다고 해도 실제로 살이 찌는 이유는 유전자 때문만은 아니다. 뇌와 몸은 신경계와 호르몬계라는 복잡한 체계를 활용해 식욕(얼마나 많이 먹고 무엇을 먹을 것인지)을 조절한다. 뇌 중심부에 있는 시상하부의 신경세포가 다량의 호르몬에 노출되면, 우리는 덜 먹거나 더 먹게 된다. 우리 몸의 다른 부분(지방세포와 위는 물론이고, 몸 안에서 살아가는 작은 생명체들까지)도 우리가 먹는 방식에 영향을 미치는 신호를 보낸다. 다이어트하거나 체중을 감량할 때면 이런 신호를 열정적으로 보내는 몸도 있는데, 몸이 그런 식으로 반응한다는 것이 다시 쉽게 살이 찌는 수많은 이유 가운데 하나다.

이런 상황에 환경적 요소가 더해진다. 열량이 높은 음식은 맛도 좋고 먹기도 좋다. 스트레스도 식욕을 촉진한다. 힘든 시기에는 기본적으로 몸에 에너지가 필요하고, 음식이 우리를 위로해주기 때문이다. 몸과 외부 환경의 상호작용, 이 상호작용이 체중 감량과 체중 관리에 영향을 미치는 방법이 비만을 치료하기 어려운 만성질환으로 만든다.

비만과 과체중을 잘못된 유행이나 도덕적 오류 같은 사회 현상이 아니라 질병으로 인식하는 것이 중요하다. 체중을 더하는 지방은 대부분 피부밑(피하)에 저장된다. 피부밑에 저장된 지방은 배나 엉덩이처럼 우리 몸을 둥글고 볼록하게 만든다. 지방은 대부분 관상동맥을 막아 심장 질환을 일으키는 혈전과 상당히 관계가 깊은 트리

글리세라이드로 이루어진다. 지방세포는 홀로 존재하지 않는다. 지방세포는 면역계를 이루는 다양한 세포와 연결되는데, 지방세포와 면역 세포 사이에는 몸에 염증을 일으키는 특별한 분자들이 존재한다. 앞서 본 것처럼 염증은 우리 몸을 치유하는 작용을 하지만, 염증을 관리하지 않고 그대로 두면 심장 질환을 일으킨다.

내장 지방은 옷매무새를 흩트리는 지방과는 다르다. 내장 지방은 심장, 간, 콩팥, 췌장 같은 기관에 쌓이는 지방을 말한다. 내부 기관에 단열재가 쌓이다니, 왠지 포근하게 들릴지도 모르지만 사실 기관에 쌓이는 지방은 기관을 심하게 압박한다. 콩팥이 내장 지방에 쌓이면 혈압이 높아진다는 것이 그 증거다. 내장 지방은 당뇨와 지방간, 혈관에 쌓이는 혈전과 관련이 있다. 피부밑에 쌓이는 피하지방처럼 내장 지방도 불필요한 염증을 일으키며 기관의 기능을 해치는 분자를 만든다.

지방이 과도하게 많으면 심장에 독으로 작용한다. 과체중은 당뇨나 고혈압처럼 심장에 심각한 위협이 되는 상태와 관련이 깊다. 과학 연구 결과에 따르면, 지방 조직은 활발한 신진대사가 일어나는 곳으로 다양한 기능을 수행한다. 심장의 경우 지방 조직에서 만든 호르몬이 혈관 안쪽에서 맹렬하게 활동하는데, 그 작용이 심장 근육에 해를 가하는지도 모른다. 지방 조직은 다른 호르몬과 신경 경로를 활성화하기 때문에 고혈압이나 혈관 손상을 일으켜 심장과 연결된 중요한 동맥을 막는 **죽종**atheroma이 쌓이게 한다.

뚱뚱해도 건강할 수 있을까?

체중이 많이 나가는 사람도 건강할 수 있을까? 이 질문을 정말 자주 받는다. 솔직히 대답하기 힘든 질문이다. 적정 체중보다 몸무게가 더 나가는(특히 내부 기관에 지방이 쌓인) 사람에 대해, 과학은 몸무게가 많이 나가는 사람은 마라톤을 할 정도의 체력이 있어도 건강에 문제가 생길 수 있다고 한다. 하지만 몸무게나 체질량 지수Body Mass Index, BMI는 건강을 측정하기에는 상당히 무딘 도구라서 여분의 체중이 있는 곳이 어디인지, 여분의 체중이 정말로 건강에 좋지 않은지 분명하게 전달하지 않는다.

체질량 지수로 과체중이나 비만 판정을 받았지만, 당뇨나 고혈압으로 고생하지 않는 건강한 사람이 조금은 있다. 누가 그런 사람인지는 혈중 지질(콜레스테롤과 그와 유사한 물질) 농도, 혈당, 혈압을 검사하고 의사의 진단을 받아야 알 수 있다.

결론을 말하면, 몸무게가 많이 나가도 건강할 수 있다. 사람에 따라서 몸무게만으로 건강을 판단하는 일은 어둠 속에서 책을 읽으려고 노력하는 것과 같다. 하지만 과학은 건강해지려면 여분의 지방을 제거하는 것이 옳다고 한다. 가능하면 적정 몸무게를 유지하고 지방은 없애도록 노력하는 것이 좋다.

조금만 줄여도 효과는 크다

살을 빼기는 어렵다. 살을 뺄 때 몸이 반응하는 방식도 그 어려움을 증폭시킨다. 몸무게가 줄면, 몸은 더 많이 먹고 더 많은 에너지를 저장해야 한다는 신호를 보낸다. 시간이 지나면 이런 신호는 사라질 수 있지만, 몸은 늘 다이어트에 맞서 싸우기 때문에 살을 뺀 뒤에도 여전히 관리하는 일이 중요하다.

체중을 줄이면 건강에 엄청난 이득이 오는데, 특히 심장이 그 혜택을 받는다. 심지어 체중의 5퍼센트만 감량해도 췌장이 설탕을 조절하는 능력이 개선된다. 체중을 5~10퍼센트 줄이면 혈압, 콜레스테롤 수치, 혈당량이 고혈압과 당뇨의 발병 위험을 줄일 정도로 낮아진다는 연구 결과도 있다. 비만이 유발한 질병을 가진 사람들은 어떤 의미에서 다이어트로 몸무게를 줄이거나 운동하거나 수술하면 '치료'될 수 있다. 그중 약을 끊어도 되는 사람도 있다.

우리 사회에 만연한 외모지상주의는 아름다움과 날씬함에 강박적으로 집착하게 한다. 현실에서는 멋진 복근이나 옷 사이즈보다 건강한 몸무게가 훨씬 중요하다. 체중을 겨우 5퍼센트 감량했을 때, 우리 몸에 얼마나 많은 호의를 베풀 수 있는지를 분명히 알아야 한다. 몸을 돌보는 일이야말로 나 자신에게 해줄 수 있는 가장 아름다운 일이다.

체질량 지수: 멋진가? 안 멋진가?

몸의 비만도를 나타내는 BMI 지수는 체중kg을 키m의 제곱으로 나눈 값kg/m²이다. 계산하면 두 자릿수의 값이 나오는데, 수치에 따라 비만도를 다음처럼 구분한다.

- 18.5~24.9　정상 체중
- 25~29.9　과체중
- 30~34.9　비만
- 35~39.3　중도 비만
- 40 이상　병리적 비만(고도 비만)

체질량 지수는 비판을 많이 받는데, 그럴 만한 이유가 있다. 몸무게가 어떻게 조성되어 있는지(지방으로 되어 있는지, 근육으로 되어 있는지), 어디에 지방이 쌓여 있는지(복부에 쌓여 있는지, 내장이나 엉덩이에 쌓여 있는지) 등은 나타낼 수 없기 때문이다. 키가 작은 사람을 근육이 더 많은 사람으로 잘못 분류할 수도 있다. 더구나 내장 지방이 있어 사실 건강하지 않은데도 건강하다고 판단할 수도 있다. 백인과 아시아인처럼 혈통이 다른 경우에도 체내 구성성분이 달라 잘못 판단할 수 있다.

그렇다면 왜 체질량 지수를 사용하는 것일까? 대규모 집단을 살펴보았을 때, 체질량 지수는 건강과 상관관계가 있다고 여겨지기 때문이다. 예를 들어 젊은 사람에게 오는 심장마비는 높은 체질량 지수와 관련이 있다. 또 체질량 지수는 계산하기도 쉽다. 하지만 일반 대중의 건강을 예측하는 지표로는 '허리 대 엉덩이의 비율' 계산법이 훨씬 더 좋은 도구다. 허리둘레와 엉덩이둘레의 길이 비율이 남자는 1.0 이상이고 여자는 0.85 이상이라면, 심장은 좀 더 사랑받을 필요가 있다. 그것도 아주 빨리 말이다.

콜레스테롤: 가장 악랄한 공공의 적인가?

버터를 사려고 슈퍼마켓에 가서 우유와 치즈가 진열된 냉장 식품 코너를 둘러보았다. 건강을 걱정하는 사람이 있었다면 잔소리를 늘어놓았을 것이다. (하지만 이 세상에는 버터보다 더 나쁜 음식을 먹는 사람도 많다.) 냉장 식품 코너에는 버터와 마가린이 빼곡히 진열되어 있었다. 염분이 적은 것, 향이 첨가된 것, 지방이 없는 것까지 그 종류도 다양했다. 어쩌면 마법의 버터까지 있을지도 모른다.

심장 건강을 이야기할 때면 콜레스테롤은 어김없이 등장한다. 의사는 정기적으로 콜레스테롤 검사를 권유하고, 콜레스테롤 수치가 '너무 높게' 나오면 콜레스테롤 수치를 조절할 필요가 있다고 한다. 하지만 그렇게 많이 언급하는데도 의사들은 콜레스테롤이 무엇인지, 콜레스테롤이 왜 중요한지는 설명하지 않는다.

콜레스테롤은 우리 몸에 필요한 필수 구성성분이다. 이 지방 분자(지질)가 있어야 세포를 둘러싼 얇은 세포막을 만들 수 있다. 지방의 소화를 돕는 담즙(쓸개에 저장되어 지방을 먹으면 분비되는 녹색 액체)과 비타민 D도 콜레스테롤이 있어야 생성된다. 본질적으로 콜레스테롤이 없으면 동물은 살 수 없다. 우리 몸도 콜레스테롤을 만드는데, 주로 간이 담당한다. 콜레스테롤은 음식으로도 섭취할 수 있는데, 주로 고기, 달걀노른자, 우유, 치즈 같은 동물성 식품에 들어 있다.

콜레스테롤이 생명 유지에 꼭 필요하다고 해서 언제나 이롭게 작용하는 것은 아니다. 좋은 것도 지나치면 해가 된다. '콜레스테롤'이라고 말할 때는 보통 세 가지 종류의 분자를 의미한다. 고밀도지질단백질HDL과 저밀도지질단백질LDL 등을 포함하며, 모두 대동맥을 막는 혈전을 생성하는 일에 관여한다. 저밀도지질단백질은 흔히 '나쁜 콜레스테롤'이라고 부른다. 저밀도지질단백질은 몸 안에서 순환하는데, 간처럼 콜레스테롤을 배출하는 곳에서는 멀리 떨어지지만, 자신이 장난칠 수 있는 곳(주로 혈관)에는 가까이 간다.

노화, 흡연, 당뇨, 유전자 때문에 혈관에 상처가 나면 콜레스테롤 분자가 상처 부위로 올라와 혈관 벽으로 침투한다. 그 때문에 혈관이 부풀어 오르면 우리 몸은 혈소판, 근육세포, 면역 세포 등에 도움을 요청하는데, 이런 세포들이 몰려오면 혈전이 생성되고 대동맥이 막힐 수 있다. 이렇게 생긴 **죽상동맥경화증**atherosclerosis 때문에 심장마비와 뇌졸중이 올 수 있다.

고밀도지질단백질은 '좋은 콜레스테롤'이라고 부른다. 본질적으로 고밀도지질단백질은 저밀도지질단백질과는 전혀 다른 작용을 한다. 고밀도지질단백질은 대동맥에 쌓인 혈전을 포함해 우리 몸에 있는 나쁜 콜레스테롤을 끌어모은다. 나쁜 콜레스테롤을 끌어모은 좋은 콜레스테롤은 간으로 들어가 담즙이 되어 쓸개에 저장되고, 지방이 소화관으로 들어오면 작은창자로 분비되었다가 대변에 섞여 몸 밖으로 나간다.

과학 연구 결과에 따르면, 콜레스테롤 수치가 높을 때 심장 질환에 걸릴 가능성이 아주 크다고 한다. 그런데 혈액에 녹아 있는 콜레스테롤과 저밀도지질단백질이 심장 질환의 발병 위험을 낮춘다는 임상 실험 결과도 있다. 상이한 실험 결과들이 있지만, 임상 실험 대부분에서는 콜레스테롤과 저밀도지질단백질의 수치를 낮추는 것이 심장마비가 올 위험을 19퍼센트에서 34퍼센트 정도로 낮출 수 있다고 한다. 의학계 기준으로 보면, 단일 위험 요소를 바꾸는 것만으로도 아주 큰 변화를 가져올 수 있다.

콜레스테롤과 심장 질환의 관계를 현재 철저하게 점검하고 있으며, 목소리를 높이는 반대자들은 지금까지 우리가 잘못된 정보에 휘둘려왔다고 한다. 그들은 대동맥을 막는 물질은 콜레스테롤이 아니라 설탕이나 염증 같은 다른 범죄자들이라고 주장한다. 하지만 콜레스테롤이 범인이라는 것을 입증하는 과학적 증거가 완벽하지 않다고 해도, 콜레스테롤이 혈관을 막는 데 일조하는 것은 분명하다. 물론 설탕이나 호르몬 같은 다른 요인도 어느 정도 역할을 한다는 주장에 동의한다. 하지만 현재까지 나온 증거로 볼 때 콜레스테롤을 용의선상에서 제외하는 것은 시기상조다.

지방

2015년에 미국 농무부는 미국인을 위한 식이요법 지침을 발표했는데, 이 지침에는 최초로 미국인이 먹어야 하는 지방 섭취 권장량을 싣지 않았다. 지방 섭취 권장량은 전체 섭취 열량의 25~30퍼센트 정도에 불과한데, 지방이 사람들을 살찌게 하고 아프게 하는 주요 원인이라고 생각했기 때문이다. 식이요법 지침은 새로운 경향을 반영한다. 이제는 나쁜 음식을 제한하는 대신에 건강한 지방을 포함해 몸에 좋고 건강한 음식을 선택하도록 유도한다. 무엇을 먹든지 저지방 음식을 먹으라고 권하던 시대는 지나갔다.

과학적 증거에 따르면, 모든 지방이 평등하게 생성되지는 않는다. 과학적 증거는 지방과 지방이 심장 질환에 미치는 영향을 보는 방식에 영향을 미친다. 지방은 화학 조성, 지방산 사슬의 길이, 지방을 만드는 화학 결합에 따라 다르게 분류된다. 육류, 유제품, 코코넛 오일이나 팜유 같은 식물성 지방은 포화지방으로 이루어지는데, 시판용 케이크나 도넛을 만들 때 주로 사용된다. 트랜스지방산(트랜스지방, 혹은 전이지방이라고도 한다)은 소고기나 양고기, 유제품에 있으며 식물성 지방에 화학물질을 첨가하는 부분 경화partial hydrogenation 방식으로 만들 수도 있다. 부분 경화된 식물성 지방은 공장에서 생산하며 지방을 주원료로 만드는 음식들에 사용된다. 리놀레산이나 어류에 풍부한 지방은 지방산 사슬이 긴 고도불포화지방산으로 우리 몸에서 다양한 호르몬을 만들 때 중요한 역할을 한다. 견과류와 올리브유에 많이 들어 있는 지방은 단일불포화지방산이다.

이런 분류가 중요한 이유는 같은 무리에 속한 지방은 분자 모양도 같고 건강에 미치는 영향도 비슷하기 때문이다. 예를 들어 처음부터 심장 질환을 일으킨다고 비난받았던 포화지방은 모두 나쁜 콜레스테롤 수치를 높인다. 하지만 포화지방이 나쁘다는 주장은 우리가 생각하는 것만큼 분명하고 확실한 사실이 아닐 수 있다. 포화지방과 심장 질환의 관계를 두고 끊임없는 논쟁이 이어지고 있다. 최근 대규모 연구를 진행한 미국심장학회는 포화지방과 심장 질환이 분명히 서로 관계가 있고, 포화지방이 아닌 고도불포화지방을 섭취해야 한다고 발표했다. 하지만 포화지방을 대체하겠다고 식단에 추가하는 음식이 포화지방보다 나쁠 수도 있다. 지방에 관해서는 더 많은 연구가 필요한데, 더 논의할 기회가 있으리라 확신한다.

미국심장학회에서 진행한 연구는 코코넛 오일에도 엄격하게 적용되었다. 코코넛 오일은 현재 심장 질환 발병 위험을 줄이는 등 건강에 아주 좋은 효과를 발휘하는 '슈퍼푸드'로 추앙받고 있다. 하지만 코코넛 오일에는 포화지방이 극단적으로 많다. 코코넛 오일이 혈액 속 지방과 콜레스테롤에 미치는 영향을 살펴본 수많은 과학 연구에서 코코넛 오일이 콜레스테롤에 미치는 영향은 제각각이었다. 전체적으로 보았을 때 코코넛 오일은 나쁜 콜레스테롤 수치를 높이는 경향이 있는데, 그런 경향을 상쇄할 정도로 좋은 효과가 나타나지 않았다.

두 불포화지방(고도불포화지방과 단일불포화지방)은 흔히 '좋은 지방'이라고 부른다. 정말로 솔직하게 말해서 식품이나 영양소에 '좋은'이나 '나쁜'이라는 수식어를 붙이면, 우리 몸과 음식이 상당히 복잡한 존재라는 것을 온전히 나타낼 수 없다. 그렇지만 불포화지방은 심장 질환을 부르는 여러 과정을 막아주는 유용한 영양소다. 불포화지방이 함유된 음식은 좋은 콜레스테롤 수치를 높이고, 염증을 줄이며, 몸이 혈당과 인슐린을 관리하는 방식을 개선하며, 혈액이 혈관 속을 수월하게 이동할 수 있게 한다.

마지막 지방 무리인 트랜스지방은 문제만 일으키는 것 같다. 가공하지 않은 자연식품에도 트랜스지방은 소량 들어 있지만, 현대인은 트랜스지방을 이전보다 훨씬 많이 먹는다. 식품 제조업자들이 트랜스지방을 사용하면 음식이 쉽게 썩지 않고 본래 단단해야 하는 음식이 부드럽게 퍼진다는 사실을 알게 된 뒤로, 트랜스지방의 생산과 사용은 고공행진을 이어갔다. 토스트 위에서 잘 퍼지는 마가린을 사용하며 우리가 얻게 된 것은 단일 지방의 과다 섭취다. 그것은 좋은 소식이 아니다. 트랜스지방은 심장 질환의 발병 위험을 높일 뿐 아니라 몸이 불포화지방의 좋은 효과를 온전히 활용할 수 없게 만든다. 트랜스지방은 비만, 제2형 당뇨, 몇 가지 암, 심지어 알츠하이머병과도 관련 있는 것으로 추정된다. 미국 식품의약국은 모든 식품에서 트랜스지방을 제기할 것을 권고한다.

오랫동안 지방과 콜레스테롤은 '나쁜' 물질이라고 생각했다. 하지만 이제는 확실하지 않다. 지방이 좋은 물질일 수도 있고, 지방을 대체한 물질이 나쁜 물질일 수도 있다. 지방을 화학적으로 변형한 물질(트랜스지방)은 우리에게 독이 될 수 있다. 그렇다면 지방에 관한 과학이 의미하는 것은 무엇일까? 가장 먼저 기억해야 할 점은 영양학과 임상 과학은 지난 10년 동안 엄청나게 발전했고, 앞으로도 계속 발전하리라는 사실이다. 음, 왠지 나쁜 소식처럼 들린다. 이미 지방을 둘러싼 갑론을박에 너무 지쳤으니까. 하지만 새로운 정보란 오래되고 덜 유용한 정보를 대체하는 것이니 사실 아주 반가운 소식일 수도 있다.

두 번째로 명심해야 할 점은 바지 지퍼를 간신히 잠기게 하고, 체중계 눈금을 더 높이는 지방이 우리 몸에는 좋을 수도 있다는 것이다. 지방은 버터, 고기, 오일에만 들어 있는 물질이 아니다. 우리 몸이 저장하고 있는 지방은 우리가 먹었지만 당장은 필요 없었던 여분의 에너지를 쌓아둔 것이다. 우리가 식품 형태로 섭취하는 지방은 몸에 저장된 지방과는 다르고, 어쩌면 우리의 몸을 더 크게 만들지 않을 수도 있다. 실제로 음식으로 먹는 지방에는 우리를 더 건강하게 만드는 지방이 있을지 모른다.

지방에 관한 과학은 우리 몸을 어떤 식으로 돌보라고 말하는가? 세상에 다양한 지방이 있는 것처럼 지방이 들어 있는 음식이 우리 건강에 미치는 영향도 제각각이다. 예를 들어 붉은 육류에는 몸에 좋은 단백질이나 지방 같은 대량영양소도 있고, 철 같은 미량영양소도 있다. 문제는 육류를 가공하느냐 하지 않느냐에 달려 있다. 가공하지 않은 붉은 육류가 심장 질환을 일으키는 것 같지는 않다. 하지만 햄버거 같은 가공식품은 심장 질환의 발병 위험을 높인다(그래도 고기 파이 먹을 사람?). 초기 연구 결과들은 유제품이나 달걀 같은 동물성 식품은 몸에 좋지 않다고 했지만, 그 식품들이 사실은 심장을 더 강하게 할 수도 있다. 이런 추론을 받아들이기 전에 명심해야 할 점이 있다. 아직 육류에 관한 연구는 완전히 끝나지 않았다는 사실이다.

생선, 채소, 견과류, 건강한 오일을 주로 먹는 지중해 식단이 심장 건강에 크게 도움이 된다는 사실은 잘 알려져 있다. 지중해 식단에서 빠질 수 없는 버진 올리브 오일은 단일불포화지방산이 풍부하다. 색과 향미를 제거하려고 정제하면 버진 올리브 오일의 장점은 퇴색될 수 있다. 버진 올리브 오일로 요리하면 심장 질환과 뇌졸중 발병 가능성을 크게 낮출 수 있다. 견과류도 오랫동안 주의해서 먹어야 한다고 알려진 음식이다. 견과류에는 고도불포화지방과 단일불포화지방이 풍부하고 무기질과 비타민도 많다. 얼마 전에는 견과류를 꾸준히 섭취하면 24주 안에 콜레스테롤(특히 나쁜 콜레스테롤)

의 수치를 낮출 수 있다는 연구 결과도 나왔다. 일주일에 네 번 이상 견과류를 먹는 사람은 심장 질환 발병 위험이 낮아진다는 연구 결과도 있다.

설탕

어느 환자가 말했다. 한칭니이인 94세는 되어야 사람들이 그가 하는 말에 귀를 기울인다고. 그가 건강한 삶을 살았다면, 사람들은 건강 문제만큼은 그의 이야기를 새겨들을 것이다. 환자는 40대의 활기 넘치는 여인으로 늘 신선하고 건강한 음식만 먹어 건강식품 먹기 대회에서 대상을 받을 만한 사람이다. 그녀가 집에서 엄격하게 지키는 규칙이 있을까? 당연히 있다. 바로 설탕을 먹지 않는 것이다. 그 말은 주스도 청량음료도 사탕도 먹지 않고, 오직 고기, 과일, 채소만을 먹는다는 뜻이다. 실제로 그녀의 첫째 아들은 성인이 되어 직장에서 받은 첫 월급으로 콜라를 사 먹었다고 한다. 집에서 콜라는 절대로 마실 수 없었다.

건강한 식습관 문제에 관해서라면 설탕은 확실히 조준선 안에 있다. 세계보건기구를 비롯한 주요 기관에서 설탕 권장 섭취량을 총 열량 섭취량의 10퍼센트 미만으로 규정하고 있다. 영국 공중보건국 Public Health England, PHE은 5퍼센트를 넘지 말라고 권고한다. 과거에 식이성 지방에 관해 비슷한 권고를 했다는 것을 복기해보면, 상당히 흥미로운 변화다.

최근 몇 년 동안 선진국의 하루 평균 당분 섭취량이 급격하게 늘었다. 과일이나 우유 같은 천연 식품 섭취량이 늘었기 때문이 아니라 우리가 먹는 음식에 설탕을 첨가했기 때문이다. 증가한 설탕 섭취량이 심장 질환, 당뇨, 암, 비만과 같은 질병과 관련 있다는 증거는 어마어마하게 많다. 설탕이 심장 건강에 미치는 영향을 조사한 연구 대다수는 청량음료나 탄산음료 같은 설탕을 첨가한 음료를 주로 살펴보았고, 이런 음료를 많이 마실수록 건강은 악화된다는 결론을 내렸다.

미국의 성인이 설탕 하루 섭취 권장량을 얼마나 지키고 있는지를 알아보려고 진행한 연구에서, 수천 명에 달하는 조사 대상자 가운데 70퍼센트 이상이 권장량보다 많은 설탕을 먹고 있음이 밝혀졌다. 더구나 조사 대상자 가운데 10퍼센트 정도는 전체 음식 섭취량의 25퍼센트 이상을 설탕으로 채우고 있었다. 이 조사 결과가 무서운 이유는 그저 사람들이 설탕을 많이 먹는다는 사실이 밝혀졌기 때문이 아니라, 그로 인해 나타날 건강상의 문제들 때문이다. 섭취하는 열량의 10~25퍼센트를 설탕으로 채운다는 것은 설탕 섭취량이 10퍼센트 미만인 사람보다 심장 질환 발병률이 약 1.5배 정도 증가할 수 있다는 뜻이다. 그렇다면 25퍼센트 이상 먹는 사람은? 심장 질환 발병률이 약 3.5배 증가한다.

우리는 어쩌다 설탕을 많이 먹게 되었을까? 그렇다고 우리가 식탁에 앉아서 설탕을 그릇째 먹는 것은 아니다. 우리가 먹는 설탕은 설탕을 넣은 음료, 과일 주스, 디저트, 사탕 등에 숨어 있다. 설탕을 넣은 음료는 특히 고약하다. 우리를 점점 비만하게 하고 병들게 하는 주요 원인으로 주목된 콜라와 청량음료를 두고 많은 연구가 진행되고 있다. 콜레스테롤이나 혈압처럼 심장에 나쁜 영향을 미치는 다른 문제들을 연구할 때도 청량음료는 독자적으로 비만과 질병에 영향을 미친다는 사실이 알려져 있다.

어째서 설탕은 모든 말썽의 주범이 되었을까? 설탕을 제대로 알려면 무엇보다 설탕이 속한 당이 한 가지 종류가 아니라는 사실을 이해해야 한다. 과학자들이 가장 주목하는 당은 자당과 과당이다. 자당은 두 개의 당이 결합한 이당류로, 자당이 분해되면 포도당과 과당이 된다. 커피에 타 먹거나 빵을 구울 때 넣는 설탕이 바로 자당이다.

과당은 꿀, 과일, 몇 가지 채소에 들어 있고, 시판되는 공산 식품(음식과 음료)에는 주로 과당이 많이 든 옥수수 시럽을 넣는다. 포도당보다 과당을 사용하면 더 많은 양을 더 싸게 생산할 수 있으므로 기업은 단 음식을 만들 때 과당을 주로 사용하는데, 과당은 다른 당과는 다른 방식으로 몸에 영향을 미친다.

간은 정말로 영리하게 배설물을 배출하는 기관이다(여기서는 다루지 않겠지만, 배설물 배출 외에도 여러 가지 중요한 기능을 하는 기관이다). 간은 지방, 설탕, 약물을 비롯한 우리 몸에 들어온 모든 화합물을 받아들인다. 간은 우리가 음식으로 먹은 지방과 설탕을 처리한다. 간은 과당이 들어오면 다른 화합물이 들어왔을 때 그렇듯이 여러 단계의 화학 반응을 거쳐 과당을 우리 몸의 세포가 직접 사용할 수 있는 에너지원으로 만들거나 지방으로 만들어 저장한다. 그런데 포도당과 다르게 간은 과당을 이용해 지방의 한 형태인 트리글리세라이드를 만들기도 한다. 간은 들어온 과당을 모두 처리하려고 열심히 일하는데, 그 과정에서 혈관과 세포를 해칠 수 있는 부산물(요산)이 생성된다.

과당을 마시거나 먹으면 콜레스테롤 수치가 매우 증가한다. 과당을 과도하게 섭취하는 사람은 나쁜 콜레스테롤, 트리글리세라이드, 요산의 수치가 심하게 증가한다. 또한 췌장에서는 인슐린이 다량 분비되어 남은 에너지를 지방의 형태로 저장한다. 혈액 검사 결과는 과당이 많이 든 음식이나 음료를 섭취하면 염증과 관계가 있는 호르몬이 분비되고, 그 때문에 혈관이 상처를 입거나 염증을 일으킬 수 있다고 한다. 더구나 설탕이 가득 든 음료로는 식욕을 만족시킬 수 없어 포만감을 느끼려고 더 많은 열량을 섭취하게 된다.

어쩌면 당신은 내가 과일에도 과당이 있다는 사실을 일부러 언급하지 않고 있음을 눈치챘는지도 모르겠다. 과일에도 위험한 과당이 있으니, 과일을 먹으면 안 되는 걸까? 아니, 절대로 그렇지 않다. 코카콜라 한 잔에 든 과당을 먹으려면 엄청난 양의 과일을 먹어야 한다. 게다가 과일에는 청량음료와 다르게 섬유소, 비타민, 무기질 같은 여러 영양소가 풍부하다.

공중보건기구는 설탕 섭취량을 줄이라고 권고한다. 특히 과당 섭취를 줄이고, 마시는 설탕 첨가 음료의 양을 제한하라고 권고한다. 가장 선호하는 전략은 코카콜라 대신에 물을 마시는 것이다. 1년 이상 청량음료 대신 물을 마신 사람은 청량음료를 먹는다고 가정했을 때보다 0.5킬로그램 정도 살이 덜 쪘다. 건강을 위협하는 가장 위험한 요인 가운데 하나인 당뇨 발병 가능성도 크게 줄었다.

청량음료를 먹지 않는 것 외에 설탕을 피할 수 있는 또 다른 방법은 무엇이 있을까? 가장 쉬운 방법은 가공식품을 먹지 않는 것이다. 가공식품은 대부분 맛있고 영양소는 별로 없다. 가공식품이 맛이 있는 이유는 첨가한 당분 때문인데, 당분은 보통 옥수수 시럽에 있는 과당이다.

인공 감미료에 관해서는 아직 배심원 심의가 끝나지 않았다. 설탕을 첨가하지 않은 음식과 음료를 먹겠다는 선택은 좋은 생각 같지만, 인공 감미료가 장기적으로 미치는 영향에 관해서는 아직 정확히 알려진 바가 없다. 다이어트 음료가 몸을 속여 설탕이 없을 때도 지방을 생성하게 만든다는 연구 결과도 있고, 간과 뼈, 심지어 뇌에 생기는 초기 문제와 관련이 있다는 연구 결과도 있다. 다른 영양학 분야처럼 인공 감미료도 한창 성장 중인 연구 분야다. 계속 지켜보도록 하자.

벌레! 장 미생물군 유전체

우리는 벌레들에 둘러싸여 있다. 벌레들은 피부와 코안에서도 살지만, 지금까지 벌레들이 가장 많이 산다고 알려진 공간은 장이다. 우리 몸에 100조 마리가 넘는 벌레가 살고 있다고 추정하는데, 대부분은 대장에서 산다. 벌레는 문제를 일으키기보다는 우리가 살아갈 수 있도록 돕는다. 물론 벌레도 우리에게 생존을 의지한다. 그러니까 우리와 벌레는 공생 관계를 맺고 있다.

이런 이야기가 놀랍거나 새로운 소식은 아닐 것이다. 이미 오래전에 우리 몸에 대량의 박테리아가 살고 있다는 것이 밝혀졌다. 최근에 이 벌레들이 건강에 엄청나게 중요한 역할을 한다는 사실이 알려졌다. 장에 사는 벌레들을 모두 합쳐 '미생물군 유전체'라고 하는데, 종류가 다른 수많은 박테리아가 큰 도시를 형성해 장에서 산다. 장 미생물군 유전체는 소화를 돕고 병을 일으키는 박테리아를 장에서 쫓아낸다. 장 미생물군 유전체가 어떤 박테리아들로 이루어져 있는지는 아주 중요한데, 이 박테리아들은 대장의 건강뿐 아니라 다양한 신체 부위의 건강에 영향을 미친다. 실제로 장 미생물군 유전체는 뇌와 심장의 건강을 비롯해 신체 전체 기관을 건강하게 하는 데 중요한 역할을 한다.

장에 서식하는 미생물은 우리가 먹고 마시는 나쁜 음식과 음료를 처리하는 첫 번째 방어막이다. 장 미생물군 유전체의 조성은 사람마다 모두 다르다. 두 사람이 같은 음식을 먹는다고 해도 두 사람의 장에 사는 미생물들은 그 음식을 전적으로 다른 방식으로 처리할 수 있다. 이 사실이 흥미로운 이유는 우리가 대장에서 살아가는 미생물들에 영향을 주어 대장에 좋은 영양소는 흡수하고, 나쁜 영양소는 몸 밖으로 배출하게 만드는 데 있다. 장 미생물에 영향을 줄 수 있다는 것은, 심장이 좋은 영양소에 노출되고 '나쁜' 영양소는 피할 수도 있다는 뜻이다.

대장에 서식하는 미생물들은 우리가 먹는 음식(특히 지방과 당분)으로 각자 다른 분자를 만든다. 미생물이 만든 분자는 우리 몸에 좋을 수도 해로울 수도 있다. 나쁜 박테리아가 나쁜 분자를 만들어내면 우리 피는 더 끈적끈적해지고, 심장과 연결된 중요한 동맥은 막힐 수 있다. 나쁜 박테리아는 혈관이 콜레스테롤을 흡수해 혈전을 만들고 상처를 치료하는 심장의 능력을 해칠 수 있다. 우리가 당과 지방을 처리하고 저장해 건강을 지켜주는 박테리아를 몸에서 제거하면 당뇨와 비만에 걸릴 위험도 커진다.

그렇다면 어떻게 장내 미생물을 바꿀 수 있을까? 한 가지 방법은 대변을 이식하는 것이다. 대변에는 대장에 서식하는 미생물이 있어서, 심장이 건강한 정상 체중인 사람의 대변을 과체중인 사람의 대장에 이식하면, 과체중인 사람의 체중을 줄일 수 있다. 대변 이식은 손쉽게 할 수 있는 방법이 아니다. 장에 건강한 미생물이 살아갈 수 있게 하는 또 다른 방법은 좋은 미생물을 늘리고 나쁜 미생물을 줄일 수 있는 식습관을 형성하는 것이다.

부지런히 트랜스지방만 먹고 옥수수 시럽에 든 과당만을 섭취한다면, 좋은 박테리아가 승리하는 데 필요한 필수 영양소를 박테리아에게 전달할 수 없다. 대장에 서식하는 미생물들에게 가장 좋은 영양분 가운데 하나는 채소나 정제하지 않은 탄수화물(통곡물)에 있는 섬유소다. 그런 음식을 먹어야 좋은 박테리아에 에너지를 공급하고 건강하게 만들 수 있고 결과적으로 우리도 건강해진다. 먹는 음식을 바꾸면 간이 당을 처리하는 방법도 크게 바뀌고 비만 위험도 줄어들고 혈관에 해로운 지방이 쌓일 가능성도 작아진다. 그러면 몸은 질병에 맞서 싸울 수 있고, 심장은 행복해지고 건강해진다.

7장

운동: 심장이 펌프질을 더 잘할 수 있도록

활동하지 않으면 좋은 상태가 파괴되지만,
움직이고 체계적으로 운동하면 좋은 상태가 유지되고 지속된다.

그리스 철학자
플라톤

나는 타고난 운동선수가 아니다. 어떤 종목이든 중간은 하려면 정말 열심히 노력해야 한다. 하지만 나의 오빠는 반 대항 시합을 하면 방망이로 하는 시합이건 라켓으로 하는 시합이건 무조건 대표로 뽑혔고, 늘 발군의 실력을 뽐냈다. 정말 짜증 나는 일이었다. 나는 운동이 좋았기 때문에 성인이 되어서도 늘 운동했다. 러닝 클럽에 가입해 일주일에 세 번 운동을 나갔고, 주말이면 아름다운 시드니 길을 따라 장거리를 달렸다. 운동은 몸뿐 아니라 마음을 위해서도 해야 하는 일이다.

처음으로 하프 마라톤에 참가한 날을 기억한다. 그날을 위해 열심히 훈련했고, 마라톤에 참가한다는 사실에 정말로 신이 났다. 운동에서 전혀 두각을 나타내지 못했던 여자가 21.1킬로미터를 완주할 꿈에 부풀었다. 하지만 16킬로미터쯤 갔을 때 고통이 느껴지기 시작했다. 엎친 데 덮친 격으로 몸뿐 아니라 마음마저 아프게 만든 커다란 언덕도 만났다. 18킬로미터쯤 갔을 때는 기꺼이 손을 들어 포기할 마음도 생겼다. 드디어 21.1킬로미터를 완주하고 결승점을 향해 달려갈 때 나에게 손을 흔들며 환호하는 사람들 덕분에 행복해서 울 뻔했다. 뇌로 혈액이 원활하게 공급되지 못하고 있음이 분명한데도, 그 순간 다시 달리고 싶었다. 흔히 말하는 '러너스 하이'를 경험한 것이다!

마라톤을 끝내고 나는 녹초가 되고 말았다. 21.1킬로미터를 달리다니, 심장에 무리가 가는 것도 당연하지 않겠는가. 하프 마라톤을 끝내고 얼마 되지 않아 심장 초음파 검사를 했다. 내 심장을 자세히 들여다보는 일은 흔치 않은 경험이었다. 심장 초음파 검사란 심장이 제대로 일하는지, 제대로 펌프 작용을 하는지, 심장의 모든 부분이 순서대로 움직이는지를 초음파를 찍어 확인하는 검사다. 내 심장의 소리를 듣던 초음파실 기사가 나에게 운동을 많이 하냐고 물었다. 왜 그런 질문을 하는지 몰라 당황하던 나는 초음파 검사에서 심각한 문제가 발견된 것이 분명하다고 생각했다. 하지만 기사는 내 심장이 놀라울 정도로 잘 기능하고 있다며, 운동을 많이 하기 때문인 것 같다고 했다. 나는 안도의 한숨을 내쉬며, 달리기가 다리를 아프게 했지만, 심장을 튼튼하게 만들었다는 사실에 감사했다.

당연히 운동은 건강에 좋다. 심장 수술을 받은 환자도 수술한 다음 날부터 운동하는 것이 좋으므로, 우리는 환자들에게 병동을 걸으라고 권한다. 인공심장을 삽입한 사람도 일단 퇴원하면 일주일에 적어도 한 번은 체육관에 가서 운동하는 것이 좋다. 나는 인공심장을 단 환자들이 심장 질환 환자들을 위해 만든 병원 체육관에서 운동하는 모습을 지켜보았고, 그분들에 비하면 나는 참 부끄럽다는 생각을 했다. 실제로 매년 심장이식을 받거나 인공심장을 단 많은 이들이 심장이식의 효능을 알리고, 건강을 지키려고 거주지 인근에서 열리는 자선 달리기 시합에 출전한다.

운동할 때면 심장에 무리가 간다는 생각이 들 때가 있다. 당신이 나와 같은 사람이라면 언덕을 오를 때는 얼굴이 빨개지고 숨이 가빠지고 헐떡거릴 것이다. 요가 수업에서 전사 자세를 취할 때면 똑바로 서지 못하고 다리가 바들바들 떨릴 것이다. 요동치는 심장 박동이 느껴지고 조금이라도 빨리 뛰면 폐가 타버릴 것 같다. 땀이 비 오듯이 쏟아져 집으로 돌아갈까 생각할 것이다. 하지만 운동은 우리가 심장과 몸과 마음에 해줄 수 있는 가장 좋은 일 가운데 하나다. 숨이 가빠지고 헐떡거리더라도 말이다.

운동하는 심장

일단 운동화 끈을 묶고 집 밖으로 나가자. 어떤 운동을 하든 한 가지는 분명하다. 이제 당신의 근육은 평소보다 더 많은 일을 하게 될 것이다. 몸의 한 부분이 열심히 일해야 하면 그 부분이 조금 더 빠르고 강하게 일할 수 있도록 혈액이 더 많은 산소와 포도당을 공급한다.

운동하면 제일 먼저 심장이 뛰는 속도가 빨라진다. 쉬고 있을 때, 그러니까 가만히 앉아 있을 때 심장은 1분에 60~80번 정도 뛴다. 여자가 남자보다 조금 더 많이 뛴다. 맥박은 손목에 있는 요골동맥이나 목에 있는 경동맥에 손가락을 대면 셀 수 있다. 심장이 아주 효율적으로 뛰는 건강한 사람은 분당 맥박수가 30~40번 정도다.

운동을 시작하면 운동 강도에 비례해 심장 박동수가 올라간다. 할 수 있는 최대 강도로 운동하면 최대 박동수에 도달한다. 나이가 들면 최대 박동수는 조금 줄어든다. 일정한 강도로 꾸준히 운동하면, 근육이 하는 일도 일정하게 유지되기 때문에 심장 박동수도 일정하게 유지된다. 이런 상태의 심박 수를 정상 상태 심박 수steady state heart rate라고 하며, 건강 상태를 알아보는 척도로 활용한다. 정상 상태 심박 수가 낮을수록 건강하다.

운동하는 동안에는 심장 박동수도 올라가지만, 한 번 박동할 때 심장이 내보내는 혈액의 양도 증가한다. 이를 **1회 박출량**이라고 한다. 심장과 몸은 사람이 열심히 일하는 순간을 알아채는 데 능숙해서, 운동하면 심장 근육은 훨씬 강렬하게 수축한다. 혈액을 밀어낸 심장은 운동하는 근육에서 정맥을 타고 온 혈액을 받아들인다. 근육이 평소보다 훨씬 강하게 수축하기 때문에 심장으로 돌아오는 혈액도 많아진다. 아드레날린 같은 호르몬과 신경도 근육이 더욱 강하게 수축하게 만든다. 정말로 놀라운 과정이다. 심장에 더 많은 혈액이 들어올수록 나가는 혈액도 많아진다. 운동할 때 심장이 내보내는 혈액은 평소의 두 배에 달한다.

심장이 내보내는 혈액을 늘리는 방법은 내가 심장의 작용 가운데 정말로 좋아하는 부분이다. 심장은 본질적으로 수백만 개의 심장 근육세포로 이루어진 근육질 펌프다. 심장 근육세포에는 액틴과 미오신이라고 하는 특수하게 분화된 단백질이 많다. 액틴과 미오신은 수많은 손이 잡아당기는 밧줄처럼 생겼다. 근육이 수축하면 미오신은 액틴을 움켜쥐고 잡아당겨서 세포가 짧아져 근육이 수축하게 만든다. 일상생활을 할 때는 일부 미오신만 액틴을 잡아당긴다.

친구 두 명과 함께 밧줄을 잡아당긴다고 상상해보자. 세 사람이 잡고 당길 공간밖에 없다. 밧줄을 잡아당길 수 있는 최대의 힘은 세 사람의 힘밖에 안 된다. 이제 당신이 잡은 밧줄을 늘여 세 친구의 힘을 더 빌릴 수 있다고 생각해보자. 밧줄을 굉장한 힘으로 잡아당길 수 있을 것이다.

증가한 혈액이 심장으로 돌아오면 증가한 혈액 때문에 심장의 근육세포는 길게 늘어난다. 그 때문에 액틴 밧줄을 잡을 수 있는 미오신 손의 양이 늘어나 액틴을 훨씬 강하게 잡아당길 수 있다. '프랭크-스탈링 메커니즘'이라는 현상 덕분에 심장은 들어오는 혈액량이 늘면 훨씬 강하게 펌프질할 수 있다. 물론 어느 순간이 되면 심장이 꽉 차서 더는 액틴 밧줄에 미오신의 손을 더할 수 없어 심장이 더 늘어나지도, 혈액을 더 내보내지도 못하는 상태가 된다.

스쾃을 하면 다리가 튼튼해지고 이두박근 운동을 하면 팔이 튼튼해지듯이, 심장을 단련하면 효율적으로 펌프질할 수 있다. 몸이 건강해지면 몸 안에서는 엄청난 일이 벌어진다. 뼈를 붙잡고 있는 근육은 관절을 효율적으로 움직이게 좀 더 오랫동안 운동할 수 있다. 균형 감각과 기량도 향상되어 얼음 위를 걷는 사슴처럼 느껴지는 일도 줄어든다. 심장과 폐는 내구력이 강화되어 오랫동안 충분히 많은 혈액을 근육에 공급할 수 있다. 단련된 심장은 윤활유를 바른 기계처럼 작동한다. 가만히 있을 때나 운동할 때나 모두 효율적으로 박동하며, 박출량도 개선된다.

하프 마라톤으로 단련된 심장은 크기도 조금 커진다. 달리기 선수의 심장 공동은 점점 커져서 더 많은 혈액을 받고 내보낼 수 있다. 역도 선수가 심호흡하면서 역도를 머리 위로 번쩍 들어 올릴 때는 급증한 혈압을 극복하기 위해 근육이 커진다. 운동은 우리 몸에 끊임없이 혈액을 만들어 건강하게 만들라고 지시하고, 그 결과는 심장에 이롭게 작용한다. 심장이 내보내는 것은 다시 심장으로 돌아온다는 사실을 기억하자.

의대 3학년이 되면 자원자(대부분 다른 학과 학생이다)의 도움을 받아 신체 기능을 측정하는 실기 시험을 본다. 내가 맡은 사람은 젊은 남자였다. 셔츠를 벗은 남자의 가슴에 청진기를 대고 심장 소리를 들었다. 1분 동안 뛰는 심장 박동수가 35회밖에 되지 않았기에 나는 그 남자에게 운동을 많이 하냐고 물었다. 그 남자는 내가 자기 몸에 감탄해 묻는 거라 생각했다. 정말 자랑스러운 듯이 "그래요. 척 봐도 알겠어요?"라고 대답했으니까.

실제로 쉬고 있는 상태에서 심장 박동수가 1분에 35회라는 것은 놀라울 정도로 낮은 횟수로, 정말로 건강한 사람들에게서만 볼 수 있다. 심장이 효율적으로 혈액을 내보낼 수 있게 되면 몸은 심장을 빠르게 뛰게 하는 모든 신경 메커니즘을 꺼버리고, '쉬면서 소화를 시키자'는 목적을 가진 부교감신경계를 활성화해 심장이 뛰는 속도를 늦추고 심장에 혈액이 조금 더 오래 머물게 한다.

이 모든 좋은 작용은 혈압도 낮춘다. 혈관에 직접 영향을 미치는 부교감신경계 덕분에 혈관은 더 건강해지고 이완되며 확장된다. 혈관 내부 압력은 떨어지고(혈압 수치로 확인할 수 있다), 심장에 가하는 압박이 줄어든다. 단단해지고 좁아진 혈관으로 혈액을 밀어내지 않아도 되기 때문에 심장은 무리해서 일할 필요가 없다. 심장은 혈압이 높은 혈관으로 혈액을 밀어내는 일을 아주 싫어한다. 특히 고혈압이 있어 장기간 과로하는 상황을 싫어한다.

이미 건강한 사람들은 시간이 지나도 혈압이 크게 떨어지거나 변하지 않는다. 하지만 고혈압이 있다면, 혈관의 유연성과 폭의 변화는 큰 의미가 있다. 운동하면 혈압은 7수은주밀리미터mmHg 이상 떨어지며, 장기간 운동했을 때는 고혈압을 낮출 수도 있다.

일정 시간 운동하고 나면(달리거나 수영을 한 뒤), 기절할 것 같기는커녕 기분이 좋아진다. 굉장한 행복감을 느낄 수도 있다. 운동한 뒤에 몸은 빠르게 회복된다. 운동을 끝내면 근육이 회복되도록 심장이 계속 빠르게 뛰지만, 곧 쉴 때의 심장 상태로 돌아간다. 일반화해서 말하자면, 건강할수록 정상 심박 수로 돌아가는 속도가 빠르다.

운동이 강화하는 신체 부위는 심장만이 아니다. 몸 전반이 건강해진다. 근육과 모든 조직이 튼튼해지고 모세혈관이 더 많이 생성된다. 가장 미세한 혈관인 모세혈관은 조직에 필요한 산소를 공급하고 배설물을 받아온다. 모세혈관이 많아진다는 것은 근육이 열심히 일할 때 꼭 필요한 산소를 더 효율적으로 받아들일 수 있다는 뜻이다.

심장이 새로운 상황에 적응해 변하는 방식은 정말 매혹적이다. 나는 그런 심장을 매일 직접 눈으로 목격한다. 가슴을 열어 심장을 드러내고 심장에 더 많은 혈액을 공급하거나 혈액을 빼낼 때, 기계를 이용해 심장이 조금 더 빠르고 강하게 펌프질하게 할 때, 심장이 어떻게 반응하는지를 본다. 심장이 하는 일을 볼 때마다 심장의 영리함에 매번 감탄한다.

심장의 영리함과는 별개로 운동은 우리가 활용할 수 있는 가장 좋은 약일지 모른다. 운동은 심장, 폐, 뇌, 뼈에 좋고 몇 가지 암의 발병률도 낮춘다. 운동 덕분에 심장이 얻는 이득은 굉장하며, 홍조와 땀 흘림도 개선한다.

폴 이야기

"이름은 폴이고, 54세입니다. 오스트레일리아 수영 달인 결승전에 참가했다가 물 밖으로 실려 나왔다고 합니다." 구급대원은 폴을 그렇게 설명했다. 폴은 아무 말도 하지 않았지만, 그의 얼굴을 보니 그가 어떤 의문을 품고 있는지 분명히 알 수 있었다. '왜 내가?'라는 의구심과 억울함이 폴의 얼굴에 가득했다. 자기처럼 건장하고 건강한 사람이 병원 침대에 누워서 심장 전문의한테 검사를 받다니. 폴은 그 상황을 도저히 이해할 수 없었다.

건강의 화신이라고 할 수 있는 폴은 경기 중반에, 함께 시합에 참여한 경쟁자들과 관중 모두 무언가 잘못됐음을 분명하게 알 수 있는 상태가 되었다. 레인 중반쯤 갔을 때 점점 속도가 늦어진 폴은 결국 멈춰 서서 가라앉을 지경이 되었다. 폴의 양쪽에서 시합하던 두 선수가 폴을 잡고 수영장 밖으로 나왔다. 시합 운영진과 동료 선수들은 즉시 폴의 가슴을 압박하고 자동제세동기를 가져와 폴의 심장에 전기 충격을 가해 다시 뛰게 했다. 곧바로 병원으로 실려 온 폴은 관상동맥 조영술을 받았고, 관상동맥 두 곳에서 심각하게 막힌 곳을 찾아냈다. 수영장에서 가라앉던 순간에 폴은 심장마비를 일으켰고, 폴의 심장은 멈추고 말았다.

수술하기 전까지 폴은 자신은 날씬하고 믿을 수 없을 정도로 건강하며 언제나 세심하게 자신을 돌봐왔다고 한탄했다. 그는 담배도 피우지 않았고 술도 거의 마시지 않았다. 폴은 자기 같은 사람에게 심장마비가 오는 경우가 많은지 물었다. 대답은 '아니다'였다. 폴처럼 살아가는 사람은 대부분 건강한 심장이라는 보상을 받는다. 폴 같은 사람이 심장 수술을 받을 거라는 생각을 우리는 쉽게 할 수 없다. 폴의 심장이 멈춘 이유는 아마도 유전이 생활 습관을 압도했기 때문이다. 실제로 폴의 아버지는 60세 때 갑자기 심장마비로 사망했다.

심장 수술을 받은 뒤로 폴의 인생관은 바뀌었다. 그전까지 폴은 건방진 미소를 띠고 사람들에게 심장 때문에 우승하지 못했다며 분통을 터트리고는 했다. 하지만 수술을 받은 뒤에는 '왜 내가?'라는 의문을 갖는 대신에 '수영장에서 그러지 않았다면 난 지금 여기 없었을 거야'라고 생각했다. 폴도 자신이 건강하지 않았다면 살아남지 못했을 거라는 사실을 알았다. 또한 건강하기 때문에 수술받고 쉽게 회복했다는 것을 알았다. 퇴원하던 날, 폴은 곧 수영장으로 돌아갈 테고 다음에는 가슴을 절개하는 것이 아니라 메달을 가지고 수영장 밖으로 나오기를 희망한다고 했다.

운동이 생명을 살리는 방법

기원전 400년 무렵에 히포크라테스는 "걷기는 사람의 가장 좋은 약"이라고 했다. 운동이 건강에 좋다는 사실은 수천 년 전부터 알고 있었다. 런던의 버스 운전사들이 그들보다 활동적인 런던 버스 안내원들보다 심장 질환 발병률이 높다는 현대 과학의 놀라운 연구 결과도 있다. 덕분에 운동이 심장에 정말로 중요하다는 사실이 알려졌다.

특정 집단에서 발병하는 특정 질환의 발병률을 검사할 때는 특정 행동이나 위험 요소가 질병과 상관관계를 맺고 있는지를 확인하고, 발병한 사람과 발병하지 않은 사람들을 비교 연구한다. 운동이 심장에 도움이 되는지를 살펴볼 때, 운동이 반대편의 두 집단에 미치는 흥미로운 효과를 발견할 수 있다. 앉아 있는 시간이 많고 운동을 적게 하는 생활 방식을 이제는 '새로운 흡연'이라고 부른다. 완벽한 비유는 아니지만, 운동의 효과를 충분히 알려주는 표현이다. 앉아 있는 시간이 하루에 세 시간 미만일 경우에 수명을 2년 정도 늘릴 수 있다.

대사당량Metabolic Equivalents, METs을 이용해, 운동할 때 한 사람이 소비하는 열량을 직접 측정한 연구도 있다. 대사당량이 높은 사람이 운동하면 운동 강도에 비례해 심장 질환이 발병할 위험이 줄어들었다. 운동하면 심장에 문제가 생길 위험이 3분의 1로 줄어든다는 연구 결과도 있다. 1일 운동량이 많을수록 효과는 늘어났다.

질병 및 질병의 패턴과 여러 요인에 따라 질병이 변하는 정도를 연구하는 역학epidemiology은 '운동은 당신에게 정말로 좋다'는 수많은 증거를 제시하지만, 운동은 정확히 어떤 식으로 당신과 당신의 심장에 좋은 영향을 미치는 것일까?

혈관은 영리하다. 혈관은 혼자 힘으로 많은 일을 하는 신체 기관이다. 혈관 내벽은 내피endothelium로 덮여 있는데, 내피는 단순한 방어막이 아니라 여러 가지 기능을 하는 복잡한 조직이다. 무엇보다 중요한 점은 내피가 건강해야 혈관이 건강하다는 것이다. 내피가 아프거나 제대로 기능하지 못하면 죽종 같은 질환이 오고, 기관에 혈액을 공급하는 혈관에 혈전이 쌓인다. 나에게 가장 좋아하는 신체 부위를 하나 꼽아보라고 한다면 아마도 혈관의 내피를 꼽을 것이다. 내피는 정말 영리한 기관이다.

내피는 우리가 운동하는 상황을 사랑한다. 혈액이 혈관을 치면서 지나가면 내피는 스트레스를 받는다. 영리한 내피는 이 스트레스에 일산화질소를 만드는 방법으로 반응한다. 혈관 건강에 엄청나게 중요한 일산화질소가 방출되면 혈관은 이완된다. 운동할 때 혈관 내피가 방출하는 일산화질소 덕분에 혈관은 일하는 근육에 더 많은 혈액을 공급한다. 일산화질소는 운동을 멈추었을 때도 중요한 작용을 한다.

혈관에 스스로 조절하고 이완할 수 있는 능력이 있으면, 혈관은 시간이 갈수록 건강해진다. 그런 혈관은 두꺼워지지 않고, 혈전도 거의 만들지 않으며, 쉽게 이완되어 필요할 때마다 혈액을 공급할 수 있고, 심장이 높은 혈압을 이기고 펌프질할 필요도 없다. 관상동맥이 단기적으로나 장기적으로 스스로 이완하는 능력이 있다면 심장은 운동하고 일상생활을 제대로 영위하는 데 필요한 혈액을 제대로 공급할 수 있다.

운동의 이점은 이 정도로 끝나지 않는다. 운동하면 골수를 비롯한 다양한 세포와 호르몬이 활성화되고 여러 신체 부위가 건강해진다. 혈관내피전구세포endothelial progenitor cell라고 부르는 이 세포들은 완전히 성숙해 제 기능을 하면 내피가 되는, 내피세포의 아기 상태라고 할 수 있다. 전구 세포는 손상된 내피를 치료하는 역할을 한다고 추정한다. 내피가 손상되면 제대로 기능을 하지 못해 혈전이 쌓이거나 혈관이 막힌다. 그러므로 운동은 이미 심장 질환을 앓고 있는 사람들에게도 도움이 된다.

운동은 심장과 폐가 효율적으로 일하게 하고, 혈관을 건강하게 만든다. 하지만 운동으로 심장과 혈관이 직접 얻는 이득은 이야기의 절반일 뿐이다. 우리 몸의 모든 신체 기관과 신체 작용은 밀접하게 연결되어 있으며, 심장의 건강은 몸의 건강에 특히 크게 좌우된다. 심장 질환과 심장마비는 비만, 당뇨, 고혈압 같은 다양한 대사증후군의 종착점일 때가 많다. 운동은 근육이나 지방 조직 같은 인체 여러 조직의 건강을 향상해 당뇨 발병 위험을 낮출 수도 있다. 그러면 심장에 가해지는 스트레스도 줄어든다.

역학 연구에 따르면, 움직이고 활동하면 당뇨와 비만이 오지 않도록 긍정적인 영향을 미칠 수 있다고 한다. 활발하게 활동하는 사람은 체중이 줄어들 뿐 아니라 인슐린이 훨씬 효과적으로 기능하기 때문에 당뇨 발병 위험률이 크게 줄어든다. **인슐린**은 너무나도 중요한 호르몬이다. 인슐린은 위 가까이 있는 췌장이라고 하는 깃털처럼 생긴 분비샘에서 생성된다. 밥을 먹어 혈당 수치가 높아지면 췌장은 인슐린을 분비해 당과 지방산이 혈액에서 나와 지방이나 포도당(글리코겐이라는 형태로 뭉친)의 형태로 저장되게 한다. 보통 지방과 포도당은 다음번에 활동할 때 즉시 사용할 수 있도록 근육에 저장된다.

당뇨나 당뇨전증이 발달할 때는 근육이 인슐린이 보내는 신호를 무시하고 지방과 포도당을 저장하지 않는다. 혈관에서 빠져나와 근육에 쌓이지 못하는 포도당과 지방은 혈관에 그대로 머물면서 염증을 일으키거나 상처를 만든다. 근육이 수축할 때 아주 놀라운 일이 일어난다. 근육이 더 많이 수축하면 근육세포는 혈액에 녹아 있는 포도당을 즉시 사용할 수 있도록 포도당이 근육으로 들어오는 채널을 많이 만든다. 포도당 채널이 많아지면 포도당이 혈관에서 빠져나오기 때문에 혈관 손상도 줄어든다. 따라서 당뇨 환자가 운동하면 혈당 수치가 개선된다. 이 같은 상황을 인슐린 감수성이 개선됐다고 한다. 당뇨인 사람이 일주일에 최소 150분 정도 운동하면 사망할 가능성도, 약물 의존도도 낮아진다.

앞서 살펴본 것처럼 당뇨나 심장 질환 같은 질병을 치료할 때는 체중 감량이 아주 중요하다. 잡지와 소셜 미디어는 운동이 체중 감량에 아주 좋다고 하는데, 체중 감량의 효과는 좋아하는 옷을 멋지게 입는 것에 그치지 않는다. 체중을 감량했을 때 얻을 수 있는 가장 큰 이득은 심장 건강에 나쁜 영향을 미치는 내장 지방(기관을 감싸고 있는 지방)을 제거한다는 점이다. 내장 지방은 당뇨나 혈관에 염증을 일으키는 호르몬을 생성하고 분비하며, 어쩌면 심장의 펌프 능력에 해를 끼칠 가능성도 있다. 운동하면 체중이 줄어들 뿐 아니라 몸통에 쌓이는 지방이 특히 감소한다는 연구 결과도 있다. 허리둘레는 위험한 지방이 기관의 표면 아래, 주위에, 내부에 어느 정도 쌓여 있는지를 보여주는 대리 지표다.

그렇다면 이미 심장 질환을 앓고 있는 환자들은 어떻게 해야 할까? 이 환자들이야말로 누구보다 더 열심히 운동해야 한다. 심장 재활 프로그램은 심장 질환이 있는 사람이나 심장마비를 경험했거나 심장 수술을 한 사람이 시행해야만 하는 운동 프로그램이다. 심장 재활 프로그램은 등급이 나뉘어 있고, 운동 생리학자와 생리 치료사의 안내를 받아 진행되어야 한다. 재활 프로그램은 증상을 완화하고 삶의 질을 개선할 뿐 아니라 생존 가능성도 높인다. 심장 재활 프로그램에 참여하는 사람은 회복 속도도 빠르다. 무엇보다 좋은 점은 질병에 걸려도 실제로 회복할 가능성이 커지는 기초 체력을 갖게 된다는 것이다.

운동은 수면의 질과 기분을 개선하고 우울증을 완화하는 등 심장 건강에 영향을 미치는 여러 요인에 좋은 변화를 불러온다. 이런 요인들이 적절한 균형을 유지하지 못하면 심장은 스트레스를 받는다. 운동은 우리 몸에, 특히 심장에 굉장한 일을 하는 약이다.

운동은 얼마나 해야 할까?

과거에는 심장마비가 오거나 큰 심장 수술을 한 환자에게는 휴식을 처방했다. 의사들이 그 조언을 시작한 것은 1700년대 후반으로 거슬러 올라간다. 그때는 심장마비로 고생한 환자들에게 아픈 심장에 스트레스를 주지 않으려면 6주 정도는 침대에 꼼짝없이 누워 있으라고 했다. 하지만 움직이지 않고 누워만 있으면 회복되기는커녕 심각한 합병증으로 고생하고, 근육이 줄어 체력이 약해진다. 오랫동안 움직이지 않으면 끔찍한 결과가 나타난다는 사실은 미국과 소련의 우주 전쟁을 지켜보면서 알게 되었다. 중력이 없는 우주로 나간 우주비행사들은 본질적으로 전혀 움직이지 않는 것과 같은데, 그 상태에서는 근육이 위축되기 때문에 중력이 있는 지상으로 돌아왔을 때 다양한 질병에 노출된다.

1940년대에는 심장마비 환자에게 '의자 치료법'을 실시했다. 말 그대로 6주 동안 의자에만 앉아 있게 한 것이다. 의학은 서서히 재활을 보는 관점을 바꿔왔고, 드디어 환자들에게 매일 걷고 더 걸으라고 조언하는 지점에 도달했다. 환자들은 병동을 돌고, 결국은 집과 거리를 돈다. 가끔은 다른 운동을 해도 되는지 묻는 환자도 있다. 승마부터 섹스까지, 수술 후에 할 수 있는 적당한 운동이 있는지 묻는 사람도 있다. 나는 언제나 걸으라고 조언한다. 걷기는 쉽게 할 수 있고 돈이 들지 않으며 목표를 달성하기도 쉽다.

그렇다면 건강한 사람들은 어떨까? 어느 정도가 적당한 운동일까? 운동을 약이라고(그것도 아주 좋은 약이라고) 생각한다면 처방을 받아야 한다. 어떤 운동을, 얼마나 오랫동안, 어떤 강도로 해야 우리 몸에 좋을지를 결정해야 한다. 어떤 운동이 가장 좋은 운동인가를 두고 의견이 분분하며, 상반되는 정보도 많다. 기적 같은 치유를 보장한다는 운동도 있고, 섭취한 열량을 대부분 태운다는 운동도 있고, 미셸 오바마도 부러워할 팔을 갖게 한다는 운동도 있다. 열량과 전 대통령의 부인을 제쳐둔다면, 과학은 우리에게 어떤 운동을 해야 한다고 할까?

세계보건기구는 특정 건강 문제를 중요하다고 인지하면 목소리를 높인다. 세계보건기구는 모든 연령(아동, 성인, 노인)의 1일 운동 목표량을 발표했다. 18~64세 성인은 일주일에 중간 강도의 유산소 활동을 150분 정도 하거나, 강한 강도의 유산소 활동을 75분 정도 해야 한다. 중간 강도의 유산소 활동이란 다른 사람과 대화하면서 걸을 수 있을 정도의 활동이고, 강한 강도의 유산소 활동이란 다른 사람이 말 좀 해보라고 했을 때 그 말에 반응해 웃을 수도 없을 정도로 격렬하게 뛰는 정도의 활동을 뜻한다.

물론 그 정도는 최소 권장량이다. 세계보건기구는 좀 더 효과를 보려면, 중간 강도의 유산소 활동을 일주일에 300분 정도 하거나, 강한 강도의 유산소 활동을 150분 하고, 일주일에 두 번 이상 근력 강화 활동을 하라고 권장한다. 너무 많은 것 같다고? 세계보건기구의 권고가 반드시 러닝머신 같은 기계 위에서 300분 내내 달려야 한다는 뜻은 아니다. 육체 활동이 반드시 체육관에 나간다거나 쉬지 않고 수킬로미터를 달리는 것을 의미하지는 않는다. 우리가 하는 모든 일이 육체 활동이다. 운동, 직장까지 걸어가기, 일터 주위 걷기, 게임하기, 집안일하기. 이 모든 것이 육체 활동이다. 정말이다. 세계 최고의 보건 기구는 우리가 바닥을 닦는 것도 건강에 도움이 된다고 한다.

아무리 적게 운동한다고 해도 일주일에 적어도 2시간 30분은 움직여야 한다. 그 정도 시간을 내는 일이 정말로 어렵다고 생각하는 사람이 많을 수 있다. 나도 어떤 날은, 어떤 주에는 그 시간을 내기가 정말 어렵다. 현대인은 믿을 수 없을 정도로 바쁘다. 나는 출근하기 전에 운동하려고 애쓴다. 그 말은 새벽 5시 15분 전에 외출 준비를 끝내고 집 밖으로 나와야 한다는 뜻이다. 저녁 시간은 어떤 식으로 흘러갈지 알 수 없고, 퇴근할 때쯤이면 너무나 피곤해서 운동해야겠다는 생각이 조금도 들지 않는다. 더구나 이 세상은 나 혼자 살아가는 곳이 아니다. 나는 일해야 하고 아이도 길러야 하며 사람들도 만나고 잠도 자고 봉사도 하고 그 밖에도 정말 많은 일을 해야 한다. 우리는 정말로 시간이 부족하다. 그 모든 일이 운동하기에는 너무 지쳤다는 기분이 들게 한다.

미국인 5만 명 이상을 대상으로 진행한 연구에서 일주일에 150분(혹은 하루에 30분)이라는 시간은 기적을 만든다는 결과가 나왔다. 심지어 아주 천천히 뛰는 조깅조차도 수명을 최대 3년까지 연장했다. 과학자들은 전력 질주를 하거나 서서히 뛰는 사람들과 거의 앉아서 지내는 사람들을 비교했다. 달리기로 얼마나 많은 이득을 얻을 수 있는지는 명확하게 밝혀지지 않았다. 달리기하는 사람은 건강하게 살고자 하는 욕구가 다른 사람보다 훨씬 강해서 흡연하지 않았고 당뇨나 고혈압도 없었다. 그렇다고 연구 결과가 쓸모없다는 뜻은 아니다. 과학 연구는 물을 흐리게 하는('교란'이라고 부르는) 정보와 다툴 때가 많다. 이런 연구에서 정확한 결론을 얻으려면 결론을 정확히 분석해 교란 요인을 통제하거나 제거해야 한다. 하지만 한 가지 부정할 수 없는 사실은 있다. 이미 건강한 사람이 운동한다면, 그 행위는 자기 성취 예언이 되어 좋은 결과를 낳을 거라는 사실 말이다.

어떤 운동을 해야 할까?

운동 강도를 다룬 많은 질적 연구에 따르면, 강도는 세면 셀수록 좋다고 한다. 강도 높은 운동을 하는 사람들은 운동으로 얻는 효과가 훨씬 컸다. 가장 많이 비교하는 운동은 걷기와 달리기다. 심장 질환으로 사망할 가능성을 비교하면 달리기는 걷기보다 짧은 시간 운동한다고 해도 얻는 이득은 최소 두 배에 달했다. 5분 달리기는 15분 걷기와 비슷한 효과가 있다.

달리기는 거친 운동이다. 처음 시작하는 사람들에게는 특히 어려운 운동이다. 가볍게 달리는 사람도 부상을 입는 경우가 많다는 연구 결과도 있다. 하루에 달리는 시간을 5~15분 정도로 맞추면 부상 위험은 줄어들고 심장에 도움이 된다. 달리기는 단기간에 건강에 크게 도움을 줄 수 있지만, 너무 힘들면 달리기를 싫어하게 되어 결국 포기할 수도 있다. 그와 달리 걷기는 목표에 도달하기까지 더 오랜 시간이 걸리지만, 달리기와는 다른 여러 장점이 있다. 일단 걷기는 사회 활동이고(걸으면서 대화를 나누는 활동은 친구를 사귀면서 운동하는 방법이다), 다칠 위험도 적다.

이런 연구 결과를 보면서 나는 죄책감을 쉽게 극복했다. 나는 무릎이 다친 뒤로 예전처럼 뛸 수 없다. 그래서 가끔은 기분이 나빠지기도 한다. 나는 가장 효과적인 운동을 택하지 않음으로써 나 자신에게 해를 끼치는 게 아닐까 생각한 것이다. 하지만 절대로 아니다. 과학 연구 결과들은 전적으로 달리기를 선호하지만, 그 결과를 우리가 사는 현실에 맞게 적절하게 다시 해석해야 한다. 달릴 수 없거나 달리기 싫은 사람은 친구나 개와 함께 자신이 원하는 만큼 걸으면 된다. 전혀 문제없다. 운동한다는 그 자체로 건강에 도움이 되는 것이지, 반드시 전문 선수처럼 해야만 하는 것은 아니다. 실제로 모든 활동을 장려해야 한다.

그렇다면 다른 형태의 운동은 어떨까? 얼마 전부터 단시간에 엄청난 효과를 얻을 수 있는 고강도 인터벌 트레이닝High-Intensity Interval Training, HIIT이 유행하고 있다. 고강도 인터벌 트레이닝은 유산소 운동을 하는 사이에 짧은 시간 다량의 열량을 소비하는 강도 높은 운동이다. 과연 고강도 인터벌 트레이닝이 다른 운동보다 더 좋은 운동일까? 운동 과학은 여러 변수 때문에 흐트러질 수 있는 현실을 연구한다는 사실을 고려해보면, 운동 과학에서 '더 좋은'이라는 표현은 너무 과하다고 할 수 있다. 물론 고강도 인터벌 트레이닝이 혈압을 줄이고 좋은 콜레스테롤 수치를 개선하고 혈당을 줄이고 지방과 근육의 인슐린 민감성을 개선한다는 연구 결과도 있다.

서양에서 큰 인기를 끌고 있는 또 다른 운동은 요가다. 요가는 몸과 마음의 수련을 모두 강조한다. 요가를 하면 심장 질환을 불러오는 모든 위험 요소를 낮출 수 있다. 체중이 개선되고 좋은 콜레스테롤 수치가 높아지며 혈압이 낮아진다. 하지만 혈당 감소에는 크게 영향을 미치지 않는다. 요가는 다른 운동에 비해 호감도가 높다. 실제로 심장마비가 온 환자의 회복을 도우려고, 첫 단계에 요가를 배치한 심장 재활 프로그램도 있다.

사람은 다양한 방식으로 활동한다. 우리는 춤추고 달리고 자전거를 타고 수영한다. 활동하는 것이 자신에게 해줄 수 있는 가장 좋은 일이라는 사실은 바뀌지 않는다. 어느 정도로 활동해야 너무 적게 활동하는 것이고, 어느 정도로 활동해야 지나치게 많이 활동하는 것일까? 중요한 것은 계속 움직이는 것, 무슨 일이든 하는 것이다. 어떤 점에서는 달리기가 '더 좋은' 운동이겠지만, 내가 좋아하고 할 수 있는 활동을 할 때 훨씬 더 큰 효과를 볼 수도 있다. 실제로 우리에게 가장 필요한 것은 그저 빨리 운동을 시작하는 일이다. 나에게 운동의 제1규칙이 무엇이냐 묻는다면, '아무것도 하지 않는 것보다는 조금이라도 하는 것이 낫고, 조금 하는 것보다 많이 하는 것이 낫다'고 하겠다.

8장

레드 와인, 다크 초콜릿, 슈퍼푸드

와인은 신이 우리를 사랑하고
우리가 행복해하는 모습을 보는 걸 즐긴다는 분명한 증거다.

과학자, 정치가
벤저민 프랭클린

내 직업에는 끔찍하게 슬픈 측면이 있다. 어느 날, 한 남자가 찾아왔다. 그는 악성중피종mesothelioma이라는 지독한 암(특히 폐와 관계있는)을 제거하는 수술을 받았다. 우리가 보통 '임시방편'이라고 부를 수밖에 없는 수술을 받은 것이다. 악성중피종은 가슴 내벽에 생기고, 석면과 밀접한 관련이 있다. 악성중피종이 특히 끔찍한 이유는 예후가 몹시 나쁘기 때문이다. 내 가족이 그 사실을 직접 경험해서 알고 있다. 할아버지가 악성중피종으로 돌아가셨으니까. 이 환자는 자기 집을 지을 때 석면에 노출됐을 것이다. 그는 증상을 완화하고 가능한 한 오래, 조금 더 평온하게 살기 위해 수술을 받았다.

그 환자가 병원을 찾은 이유는 숨을 쉬기 힘들었기 때문이었다.

나는 응급실에서 그를 만나 어떤 문제 때문에 왔냐고 물었다. 그는 병이 진행되면서 얼마 남지 않은 자립 능력이 파괴되고 있다는 사실에 화가 나 있었다. 그 환자를 보면서 의학이 이 끔찍한 질병을 치료할 수 없다는 사실에 좌절했다. 눈물을 흘리던 환자는 그 주스조차 도움이 되지 못했다고 말했다. "무슨 주스 말이죠?" 내가 물었다. 그는 치료에 도움이 될지도 모른다는 희망으로 건강 보조 식품 가게에 가서 상담을 받았고, 그곳에서 파는 특별한 영양보조제와 당근 주스를 마시면 더 오래 살 수 있다는 이야기를 들었다고 했다. 일주일에 300달러나 썼지만 아무 효과가 없던 당근 주스를 생각하면서 그는 얼굴을 두 손으로 감싸고 펑펑 울었다. 일주일에 300달러는 그가 주스를 사는 데 쓰기에는 너무 큰돈이었다.

죽음에 가까워진 말기 환자 가운데 할 수 있는 모든 일을 시도하지 않을 사람이 있을까? 이 환자는 슈퍼푸드와 영양제의 약속을 믿었지만, 그 약속이 가져온 것은 가난뿐이었다. 그는 악성중피종으로 세상을 떠났다. 나는 그 가게로 찾아가 어떻게 죽어가는 사람을 이용할 수가 있냐고 따지고 싶었다. 하지만 내 삶이 위태로워지면 나도 그런 식품을 찾지 않을까 궁금했다.

얼마 전에, 나는 많은 사람이 그런 것처럼 건강과 슈퍼푸드가 내 무의식에 자리 잡고 있음을 알게 되었다. 불운하게도 고혈압과 심장 질환 가족력이 있으므로 나는 의사를 찾아가 심장 검사를 해보기로 했다. 좋은 소식은 들리지 않았다. 유전자와 스트레스, 운동을 등한시한 근래의 생활 태도가 나를 배신해 혈압이 아주 높았다. 정신이 번쩍 들어 그 즉시 슈퍼마켓으로 가서 신선한 과일과 채소를 잔뜩 사 식료품 저장실을 채웠다.

슈퍼마켓을 돌아다니면서 고혈압에 좋은 슈퍼푸드를 찾고, 심장에 '좋다'니까 레드 와인을 한 병 사야겠다는 생각을 했다. 정말 이상한 일이었다. 어째서 슈퍼푸드와 레드 와인이 나를 구원해주리라 생각했던 걸까?

우리가 먹는 음식이 질병을 유도하고 물리치기도 한다는 사실을 알게 되면서, 음식이 약이라는 생각은 지지를 얻고 있다. 실제로 하루에 레드 와인을 한 잔 마시면 심장이 건강해질까? 다크 초콜릿은 당신이 정당화하는 것처럼 아무 문제가 없는 걸까? 많은 사람이 최신판 레드 와인 논쟁에 관심이 있고, 가장 최근에 알려진 슈퍼푸드가 무엇인지 알고 싶어 한다. 새롭게 부상하는 건강식품이라는 구원자가 제시하는 약속을 믿지 않기란 어려운 일이다.

흥미로운 건 내가 슈퍼마켓 진열대 앞에서 슈퍼푸드를 사볼까 생각하기 전까지는, 어떤 음식은 흥미롭다는 생각을 가끔 했지만, 슈퍼푸드에 관한 주장이 아무리 많이 들려도 그 음식을 만병통치약이라고 간주할 수 없다고 믿었다는 점이다. 나는 슈퍼마켓에서 그 경험을 한 뒤, 슈퍼푸드라고 주장하며 제시하는 증거들을 한 번도 과학적으로 살펴본 적이 없다는 사실을 깨달았다.

레드 와인

와인 잔을 부딪칠 때마다 레드 와인을 마시고 있다는 사실 때문에 자부심을 느끼는 사람이 있을지도 모른다. 레드 와인은 언론에서 건강을 위해, 특히 심장 건강을 위해 마셔야 한다고 권장하는 음료다. 일반적으로 알코올은 몸을 위한다면 마시지 않는 것이(특히 과도하게 마시지 않은 것이) 좋다고 하는 음식인데 말이다.

사람들은 레드 와인과 다른 알코올은 완전히 다르다고 한다. 맥주, 화이트 와인, 증류주에 들어 있는 알코올은 건강에 그다지 도움이 되지 않는데, 특히 '지나치게 많이' 마시면 그렇다. 현재 섭취 권고량으로 보면 우리는 하루에 표준 잔으로 두 잔 이상을 마시면 안 되고, 한 자리에서 네 잔 이상을 마시면 안 된다. 표준 잔은 예상보다 훨씬 작아서 많은 사람이 쉽게 이 기준을 넘긴다.

수년 동안 진행해온 연구들은 퇴근하고 와인을 한 잔 마시거나 여름 바비큐 파티에서 맥주를 한 잔 마시는 것은 상당한 즐거움을 주지만 알코올은 우리 몸에 좋은 점이 하나도 없다고 한다. 알코올은 마신 양에 비례해 문제를 일으킨다. 많이 마시면 마실수록 더 큰 문제가 생긴다. 간 질환과 여러 암을 비롯해 과도하게 섭취한 알코올 때문에 생기는 질병은 엄청나게 긴 목록으로 작성할 수 있다. 섭취하는 알코올의 양과 심장 질환 발병률을 비교한 연구는 셀 수 없이 많다. 그 연구들은 대부분 알코올을 아주 많이 마시는 사람과 알코올을 전혀 마시지 않는 사람 모두 심장 질환 발병 위험이 아주 크다는 결론을 내린다. 연구 결과들을 보면 소위 '적당히 마시는' 사람이 심장을 가장 잘 보호하는 사람인 것 같다.

그 연구들은 몇 가지 결점이 있다. 무엇보다 술을 얼마나 많이 마시냐는 질문에 대한 솔직한 답변을 얻기 힘들다는 점이다. 사람들은 술을 덜 마셔야 한다고 생각하기 때문에 실제 음주량보다 적은 양을 마신다고 대답한다. 술을 마시지 않는 사람보다 술을 적당히 마시는 사람의 건강이 더 좋다는 연구 결과가 나오는 이유는 무엇일까? 술을 전혀 마시지 않는 사람을 대상으로 진행한 연구에서, 술을 전혀 입에 대지 않는 사람들은 과거에 술을 아주 많이 마신 사람일 가능성이 크다는 사실이 밝혀졌다. 이미 지나친 음주로 건강에 문제가 생겨 술을 끊은 사람일 가능성이 크다는 것이다.

술을 끊는 것은 놀라운 인내력을 요구하는 일이지만, 그 결정이 보여주는 것은 인생은 그저 한순간을 담는 사진이 아니라는 사실이다. 생활 습관과 건강은 오랜 시간에 걸쳐 쌓이는 문제를 반영한다. 따라서 이 연구가 유효하려면 금주하는 사이에 과도하게 마시는 기간이 절대로 없어야 한다. 단순 관찰이 아니라 조금 더 정교하게 고안한 연구에서는 누구든지 알코올 섭취를 줄이는 것이 건강에 도움이 된다고 결론을 내린다. 하지만 여전히 예상하지 못한 결과가 있는데, 소량의 알코올은 실제로 심장을 지켜준다는 것이다.

과학자들은 알코올이 몸에서 좋은 콜레스테롤의 수치를 바꾸는데, 마시는 술의 양에 따라 그 변동량이 달라진다고 믿는다. 고혈압과 알코올 섭취는 주로 비례한다. 하지만 알코올을 소량 섭취하면 혈액을 이완해 혈압을 낮출 수도 있다. 어떤 메커니즘으로 그런 일이 일어나는지는 정확하게 밝혀지지 않았다. 아직 연구 중이다. 흥미로운 추론 하나는 알코올탈수소효소alcohol dehydrogenase를 거론한다. 알코올탈수소효소는 사람마다 조금씩 다르게 작용한다. 알코올탈수소효소에 나타난 약간의 변이 때문에 알코올을 분해하고 배출하는 속도가 느린 사람도 있다. 알코올탈수소효소는 간에서 좋은 콜레스테롤을 더 많이 만들게 해 우리 몸을 보호하는지도 모른다.

알코올 섭취는 심방세동atrial fibrillation 증상과도 관계있다. 심방세동은 심장이 불규칙하게 뛰는 증상이다(맥박이 불규칙하게 뛰기 때문에 생기는 질환 가운데 심방세동이 가장 흔하다). 알코올을 한 번 마실 때마다 심방세동이 올 가능성은 커진다. 알코올이 심장의 펌프 능력을 낮추고 심장의 전기계에 문제를 일으킬 수 있기 때문이다.

그런데 왜 레드 와인은 다르다고 하는 것일까? 더 정확하게 말하자면, 레드 와인에는 어떤 다른 점이 있는 것일까?

이 질문을 살펴보기 전에 한 가지 분명한 사실을 복기하자. 과하게 마시면 레드 와인도 하룻밤에 엄청난 양의 맥주를 마시는 것만큼이나 나쁘다는 사실이다. 건강에 기여하는 요소는 레드 와인에 든 알코올이 아니다. 전적으로 다른 물질 때문이다. 레드 와인이 건강에 좋다는 사실을 흔히 '프랑스인의 역설French Paradox'이라고 부른다. 1970년대 말에 한 과학자가 프랑스 사람들은 치즈와 버터를 많이 먹는 고지방 식사를 하는데도 심장마비에 걸리는 비율은 아주 낮다는 사실을 발견했다. 프랑스에서는 화이트 와인이 더 많이 팔리는 지역이 레드 와인이 더 많이 팔리는 지역보다 심장마비 사망률이 더 높다는 연구 결과도 나왔다.

이런 흥미로운 소규모 관찰 결과에 고무된 과학자들은 레드 와인이 버터보다 강력한 이유를 찾아 나서기 시작했다. 프랑스인의 역설이 주목을 받기 시작한 시기에는 지방과의 전쟁이 탄력을 받고 있었다. 그때는 레드 와인이 인류 최대 공공의 적이 일으키는 모든 문제를 일시에 해결할 수 있는 잠재력을 가진 것처럼 보였다.

그 후 20년쯤 지나자 레드 와인은 아주 소량이라도 페놀이라는 물질을 함유한다는 것이 실험으로 밝혀졌다. 페놀은 항산화제인데, 레드 와인에 들어 있는 페놀은 특별히 '레스베라트롤'resveratrol이라고 부른다. 레스베라트롤은 혈관을 돌면서 자유라디칼 분자를 제거한다. 자유라디칼 분자는 정상적으로 일어나는 세포 신진대사 과정에서 생산하는 부산물로, 몹시 화가 난 산소다. 자유라디칼은 몸의 조직을 해치는데, 항산화제는 우리 몸을 돌아다니면서 몹시 화가 난 자유라디칼을 없앤다. 항산화제는 몸에서 만들어지기도 하고 음식으로 섭취할 수도 있다. 다시 프랑스로 돌아가보자. 프랑스에서는 요리 재료로 와인을 많이 쓰는데, 고기 요리를 할 때는 미리 레드 와인에 재어둔다. 그 때문에 먹기 전에 항산화제가 고기에 들어 있는 자유라디칼을 제거할 수 있다.

레스베라트롤은 나쁜 콜레스테롤LDL의 산화를 효과적으로 막는다. LDL이 산화되면 활성산소(자유라디칼)가 콜레스테롤에 달라붙는다. 콜레스테롤이 무기를 갖추고 대학살을 벌일 능력을 갖게 되는 것이다. 산화된 LDL은 훨씬 쉽게 혈관 벽에 달라붙어 혈전을 생성한다. 레드 와인은 LDL이 화를 내고 활동하지 못하게 해서, LDL이 병을 일으키는 능력을 발휘할 기회를 줄인다.

레드 와인의 효능은 그뿐만이 아니다. 레스베라트롤은 혈관 내피를 자극해 일산화질소를 배출하게 만든다. 앞에서 일산화질소가 혈관을 확장하는 물질임을 살펴보았다. 혈관을 이완하는 물질인 것이다. 레드 와인은 몸이 일산화질소를 만들어 혈액이 심장 안으로 좀 더 많이 들어가 몸의 기관들이 영양분이 많은 아름다운 혈액을 더 많이 공급받을 수 있게 한다. 레드 와인 같은 알코올은 일반적으로 필요 없을 때는 응고 반응이 일어나지 않게 해 혈액의 묽은 상태를 유지시킨다. 혈액이 묽은 것이 왜 중요한지는 관을 통과하는 액체를 상상해보면 알 수 있다. 점성이 높은 끈적거리는 액체보다 점성이 낮은 묽은 액체가 관을 훨씬 잘 통과한다. 혈액이 이동할 때도 묽은 혈액이 훨씬 더 수월하게 이동하는데, 레드 와인은 혈액이 쉽게 이동하게 해준다고 믿는 과학사들도 있다.

레드 와인은 수많은 신체 반응을 활성화한다고 여겨진다. 심장에 상처가 생기지 않게 막고 앤지오텐신IIangiotensin-II 호르몬(간접적으로 혈압을 오르게 한다)의 작용을 막아 심장 근육을 유연하게 유지시킨다. 아주 중요하고 많이 사용하는 ACE 억제제라는 약물도 앤지오텐신II를 표적으로 삼는다. ACE 억제제는 혈압을 낮추어 심장 질환이 있는 사람을 돕는다. 무엇보다 매혹적인 점은 레드 와인은 알코올을 제거한 뒤에도 효력을 발휘한다는 것이다. 그 효력을 발휘하는 가장 큰 이유는 레드 와인을 포도로 만들기 때문이다.

레드 와인이 심장 질환에 미치는 영향은 현재 연구 중이다. 흥미로운 추정 하나는 레드 와인에 있는 특별한 물질이 심장 질환을 치료하거나 예방하는 약물로 전환될 수 있다는 것이다. 그러나 레드 와인과 알코올, 심장 질환에 관한 새로운 정보는 기존 연구 결과와 종종 상충한다. 한동안 레드 와인이 심장에 좋은 영향을 미친다는 연구 결과들이 나왔다. 하지만 아주 조금 먹을 때 그렇다는 뜻이다. 알코올도 마찬가지다. 즐겁게 조금만 마시는 알코올은 몸에 좋은 작용을 할지 모른다. 그러나 많이 마시면 알코올은 나쁜 소식만을 전한다. 건강에 도움을 얻기 위해 술을 마시지 말고, (적당한 양을) 기분을 내기 위해서만 마시자.

다크 초콜릿

초콜릿이 몸에 좋다는 과학 연구는 화제성이 높아 거듭 논의되고 있다. 초콜릿이 건강에 좋을 수도 있다는 유사과학의 속삭임은 모든 장애물을 단번에 넘어서는 무료입장권처럼 느껴진다.

다크 초콜릿과 맛이 단 (그래서 건강에 그다지 좋지 않을) 밀크 초콜릿의 차이는 놀라울 정도로 중요하다. 내 환자에게도 그 차이는 정말 중요했다. 52세인 그 환자는 평범하게 살아왔다. 법률 회사에서 준법률가로 근무했고, 매일 녹초가 될 정도로 일했다. 3년 전에 그녀는 지역 보건의에게 피곤이 가시지 않는다고 불평을 늘어놓은 뒤에 당뇨 진단을 받았다. 당뇨는 진단받기 전까지는 정체를 숨기지만 일단 정체를 드러내면 육체에 심한 손상을 입히기 시작한다. 어쨌든 이 환자는 그랬다. 당뇨와 고혈압 때문에 다리, 눈, 심장의 혈관이 손상되었다. 현대의 기준으로 조금 이르다고 할 수 있는 나이에 그녀는 심장 절개 수술을 받아야 했다.

내가 침대 옆에 앉자 그녀는 나를 바라보면서 말했다. "모두 내 잘못이에요. 혈당을 신경 쓰지 않았어요. 매일 초콜릿을 먹었고요. 도저히 억제할 수 없었어요." 자신을 돌보지 않았음을 인정할 때 그렇게 단정적으로 말하는 사람은 희소하므로, 그 말을 듣고 나는 살짝 충격을 받았다. 그녀는 자기 결점을 고치고 문제를 해결할 때도 오스트레일리아의 구어체 표현을 썼는데, 이를테면 '(타조가) 머리를 다시 땅속에 파묻는다'는 식으로 자조적으로 말했다. 심장 절개 수술을 받고 며칠 뒤에 만난 그 환자는 정말로 자랑스럽게 단 음식과 밀크 초콜릿을 끊고 다크 초콜릿을 먹기 시작했다고 말했다.

매스컴이 전달하는 모든 호평을 믿는다고 해도 초콜릿이 과일이나 채소처럼 우리 몸에 도움이 되는 것은 아니다. 물론 초콜릿에 몸에 좋은 성분이 전혀 없는 것은 아니다. 레드 와인처럼 다크 초콜릿에도 항산화제가 많다. 다크 초콜릿의 항산화제 영웅은 플라보노이드라고 부르는 항산화제 집단이다. 플라보노이드는 식물에 함유된 항산화제로, 와인에 들어 있는 항산화제처럼 나쁜 자유라디칼을 제거해 세포가 손상되지 않게 한다.

초콜릿은 식물로 만든다. 카카오나무에서 얻은 코코아 빈을 볶고 갈아 우유, 감미료, 향신료 등을 넣고 반죽해 만든다. 식물로 만들었다는 의미는 초콜릿에 식물이 만든 사랑스러운 항산화제가 들어 있다는 뜻이다. 레드 와인을 마실 때처럼 초콜릿을 먹으면 자유라디칼이 제거되고 혈관 내피에서 일산화질소를 만들어 혈관이 확장되고 혈류의 흐름이 개선된다. 초콜릿에 든 항산화제는 좋은 콜레스테롤과 나쁜 콜레스테롤의 구성비를 개선해 몸이 인슐린에 훨씬 효율적으로 반응하게 만드는지도 모른다.

이론적으로 초콜릿은 심장 건강을 이롭게 하는 특징을 갖는다. 초콜릿이 심장에 어떤 도움을 주는지를 연구하는 역학 연구와 관찰 연구가 많이 진행되고 있다. 얼마 전에 진행한 대규모 연구에서 남녀 모두 하루에 초콜릿 100그램을 먹으면 심장 질환 발병률이 크게 낮아진다는 결과가 나왔다. 초콜릿 100그램이 어느 정도인지 감이 잡히지 않는다면, 조그만 네모 초콜릿 조각 하나가 8그램 정도라는 것을 참고하기 바란다. 이 연구에 따르면, 초콜릿을 먹는 사람은 심장마비로 죽을 가능성도 낮은 것처럼 보인다. 흥미로운 점은 이 연구들은 다크 초콜릿과 다른 초콜릿의 차이를 보여주지 못한다는 것이다. 따라서 연구 결과들을 신뢰하기에는 불충분하다. 다른 대부분의 연구는 심장 질환에 관한 한 효력을 발휘하는 것은 다크 초콜릿이라고 강조한다.

탯줄을 초콜릿에 담가 배양하면서 혈관 세포를 연구한 흥미로운 실험 결과도 있다. 실험실에서는 초콜릿의 좋은 부분(특히 항산화제인 플라보노이드)만을 추출해 다크 초콜릿에 들어 있는 플라보노이드가 실제로 혈관을 튼튼하게 만드는지를 알아보려고 혈관 세포를 그 안에 넣어 배양했다. 실험 결과는 말초동맥 질환 같은 혈관 질환 환자가 다크 초콜릿을 먹으면 혈관 기능이 개선된다는 주장을 할 때 사용된다. 다크 초콜릿에 함유된 플라보노이드는 혈관을 이완해 혈액이 필요한 곳으로 더 수월하게 이동하게 하고, 굶주린 근육에 혈액을 공급해 걷지 못했던 환자가 다시 걷게 하기도 한다. 다리 혈관이 막히면 근육이 필요한 산소를 충분히 얻지 못해 먼 거리는 걷지 못할 수 있다. 따라서 어떤 의미로는 다크 초콜릿이 다리의 혈관 막힘을 해소한다고 볼 수 있다. 다크 초콜릿은 심장에도 비슷한 작용을 한다. 심장으로 가는 혈액의 흐름을 개선할 방법을 찾는 일은 심장 건강에 아주 중요하다.

지금까지 염증을 여러 번 언급했다. 염증이란 무엇인지 여기서 아주 간단히 살펴보자. 염증은 몸에 좋지 않은 것과 싸우려고 몸이 일으키는 반응이다. 필요한 양보다 지나치게 많은 염증이 생기면, 이번에는 염증이 우리 몸에 해를 끼친다. 심장과 혈관에 통제할 수 없는 염증이 생기면 혈관과 심장을 해치는 엄청난 연쇄 반응이 시작된다. 따라서 염증을 계속 점검하는 일이 중요하다. 코코아와 플라보노이드는 세포가 사이토카인이라고 하는, 호르몬과 비슷하며 염증을 일으키는 분자를 생성하지 못하게 막는다. 이 작용으로 초콜릿을 먹는 사람은 심장이 불규칙하게 뛰는 심방세동 같은 질병의 진행을 멈추게 할 수도 있다.

플라보노이드는 다크 초콜릿과 밀크 초콜릿에 모두 들어 있다. 하지만 다크 초콜릿에는 몇 가지 장점이 더 있다. 첫째, 다크 초콜릿이 항산화제 함량이 더 높고, 둘째, 포화지방이나 설탕처럼 항산화제의 좋은 기능을 상쇄할 나쁜 물질은 더 적다.

레드 와인처럼 다크 초콜릿 처방전도 이제 막 발행을 시작했다. 그러니 다크 초콜릿을 잔뜩 먹는다는 이유로 운동이나 과일, 채소 섭취처럼 심장을 위해 해야 할 일을 그만두면 안 된다. 건강에 도움을 받고 싶다면 적어도 카카오 함량이 70퍼센트는 넘는 다크 초콜릿을 먹어야 한다.

커피와 차

나는 커피에 관한 두 가지 사실을 알게 되었다. 첫째, 나는 커피 냄새가 끔찍하게 싫다는 것이다. 커피도 차도 마시지 않는 나는 커피를 마시는 지인 대부분이 커피 향을 사랑하며, 소수자는 그들이 아니라 나라는 사실을 안다. 두 번째는 내가 아는 사람들은 거의 모두 커피를 마신다는 점이다. 흔히 습관적으로 '커피 먼저'라는 식으로 행동하고, 눈이 떠지게 만드는 음료를 마시지 않으면 아침에 일어날 수도 없다고 말하는 사람도 많다. 하지만 나는 그런 사람이 될 수 없다. 커피 맛은 어떻게 해도 익숙해지지 않는다. 그래서 아주 가끔 안타까울 때도 있다. 커피나 차가 '우리 몸에 좋다'는 기사를 읽을 때 말이다.

미국 전체 인구의 80퍼센트가 커피를 마신다. 성인 가운데 60퍼센트는 매일 커피를 마신다. 현재 오스트레일리아에서도 커피 문화는 아주 보편적인 현상이고, 사람들은 자신이 마시는 커피 종류에 해박한 지식을 가지고 있다. 차도 인기를 얻고 있어서 식료품점에 가면 다양한 차를 볼 수 있다. 커피와 차를 마시는 행위는 습관이 되고 기호가 되며 경험이 된다.

초콜릿이 그렇듯이, 커피가 몸에 좋을 수 있다는 연구 결과가 언론에 보도되면 그 기사는 인터넷을 타고 널리 퍼지고, 사람들은 자신들이 탐닉하던 악마가 드디어 인정받았다고 생각한다. 하지만 커피가 건강에 좋은지를 두고 상반된 결과를 보인 여러 연구가 있다. 커피를 많이 마시는 사람은 심장 질환에 걸릴 가능성이 크다는 연구 결과도 있다. 55세 이상인 사람이 하루에 커피를 넉 잔 이상 마실 때 특히 문제가 된다. 그와 달리 커피를 마시면 심장 질환 발병률이 낮아진다는 연구 결과도 있다. 그런데 커피 마시는 습관이 몸에 나쁘다는 결론을 내린 연구들은 커피 자체가 아니라 커피 마시는 방식이 문제일 수 있다는 사실을 간과한 것이 아닐까.

커피에는 심장과 혈관에 영향을 미치는 여러 화합물이 있다. 카페인 외에도 커피에는 페놀산과 칼륨이 있다. 커피가 우리 몸에 얼마나 좋은지는 아직 일치하는 의견이 없지만, 커피는 염증을 줄이고 인슐린 민감성을 개선한다고 알려져 있다. 어쩌면 심장과 혈관에 손상을 입히는 물질에 노출되는 정도를 최소로 줄여 심장과 혈관에 도움을 주는지도 모른다.

커피는 혈관을 이완하는 호르몬에 반대로 작용해 혈압을 조금 높일 수 있다. 그래서 교감신경계가 심장에 영향을 미쳐 심장이 뛰는 속도가 빨라질 수 있다. 커피를 조금 많이 마시면 심장이 쿵쾅거리는 것은 그 때문이다. 한 가지 흥미로운 점은 매일 커피를 마시는 사람은 이런 몸의 반응에 익숙해지므로 잠재적으로 문제를 일으킬 수 있는 이런 증상들을 무시한다는 것이다. 커피를 자주 마시는 사람은 커피를 가끔 마시는 사람에 비해 심장이 빠르게 뛰고 있음을 인지하지 못할 때가 많다.

커피가 건강에 좋은가라는 질문의 답은 여전히 회색 지대에 놓여 있다. 여러 연구 결과를 모두 종합하면, 커피를 조금 마시는 것은 심장 건강에 나쁘지 않다는 결론을 내릴 수 있다. 어쩌면 심장에 조금은 좋은 영향을 미칠 수도 있다. 하지만 운동이나 균형 잡힌 식단만큼 좋은 영향을 미칠 수는 없다.

반드시 명심해야 할 것이 또 있다. 설탕은 좋지 않다는 것이다. 커피 마시는 사람 가운데 심장마비가 온 사람의 식단을 조사해보면, 커피를 마실 때뿐 아니라 일상에서도 설탕을 지나치게 많이 먹는 경향이 있다. 어쩌면 커피는 좋은 식품일 수도 있다. 심장 건강에도 도움이 될지 모른다. 하지만 설탕을 넣지 말고, 자연 그대로의 카페인을 섭취해야 한다.

슈퍼푸드

최신 슈퍼푸드를 보도하는 기사 때문에 숨이 막힐 지경이다. '예수가 먹었던 다섯 가지 슈퍼푸드' 같은 기사 제목을 보면 나도 모르게 클릭을 하고, 너무나도 비싼 이국적인 열매나 발음하기도 힘든 곡류 기사를 훑게 된다. 장수와 건강을 보장한다는 슈퍼푸드는 개인과 사회를 병들게 한 질병을 치료해줄 놀라운 약인 양 느껴진다. 슈퍼푸드에 관한 이런 주장들을 건전한 회의론과 과학적 호기심을 가지고 대하려 하지만, 앞서 살펴보았듯이 고혈압을 치료해야겠다고 마음을 먹었을 때 자연스럽게 떠올린 것은 슈퍼푸드였다.

사실 '슈퍼푸드'는 과학 용어라기보다는 마케팅 용어다. 일반적으로 식품에 이름을 붙일 때는 영양학적으로 어떤 이득이 있는지를 반영한다. 실제로 한 식품에 '슈퍼푸드'라는 수식어가 붙으면 그 식품의 판매량은 급증한다. 슈퍼푸드는 고소득자들이 특히 많이 구입한다. 생각해보면 슈퍼푸드가 꽤 비싼 것은 놀랄 일은 아니다.

슈퍼푸드라는 이름이 붙는 식품 중에 브로콜리나 블루베리처럼 쉽게 구할 수 있는 것도 있지만 구기자, 스펠트 밀, 퀴노아, 케일처럼 조금은 이국적인 것도 있다. 슈퍼푸드에는 레드 와인이나 다크 초콜릿처럼 항산화제와 비타민, 무기질이 들어 있다. 레드 와인 같은 식물성 식품에는 항산화제인 페놀(레스베라트롤도 그중 하나다)도 들어 있어 혈관에서 자유라디칼을 제거하고 일산화질소를 생성하는 등 혈관 건강에 도움을 준다.

슈퍼푸드로 선정되는 이유는 유달리 많은 특정 영양소 때문인데, 그 영양소가 오히려 다른 식품에서 더 많이 발견되기도 한다. 케일은 슈퍼푸드로 불리지만 방울다다기양배추나 다른 녹색 잎채소도 케일만큼 건강한 식품이다. 겨잣과 채소인 로켓에는 혈압을 낮추는 질산염이 비트보다 많다. 연어에는 혈액의 지방 수치를 건강하게 유지하는 데 필요한 좋은 오메가3 지방산이 치아시드보다 더 많다. 이런 식품들은 슈퍼푸드보다 구하기도 쉽고 값도 싸다.

슈퍼푸드는 이론적으로 몸에 좋은 음식들이다. 슈퍼푸드는 당과 지방 함량이 낮고 미량영양소 함량이 높은 과일이나 채소, 곡물이다. 여기서 한 가지 의문이 생긴다. 슈퍼푸드가 우리가 오랫동안 먹어온, 더 싼 가격에 쉽게 구할 수 있는 채소보다 훨씬 낫다는 것일까? 무엇보다 중요한 것은 단일 식품이 평범한 식사를 대체할 수 없다는 것이다. 유럽에서는 건강상의 이득을 입증할 수 없다면, 그 어떤 음식도 슈퍼푸드라고 주장하거나 슈퍼푸드라고 홍보할 수 없음을 법으로 명시한다. 믿을 수 없을 만큼 진보적인 이 법은 2007년부터 시행되고 있다.

슈퍼푸드를 결정하는 검사가 반드시 일상에 적용할 수 있는 방식으로 진행되는 것은 아니다. 실험실에서 건강에 이롭다는 슈퍼푸드의 구성성분을 추출해 세포가 반응하는 모습을 관찰하고, 그 결과를 근거로 사람들에게 미칠 영향을 추론한다. 즉, 시험관에서 좋은 일이 일어나는 모습을 목격하면 그 물질이 실제 생활에서도 도움이 되리라고 결론 짓는 것이다. 추론은 추론일 뿐 확실하게 단정할 수는 없다. 평범한 과일이나 채소는 물론이고 레드 와인이나 초콜릿만큼이나 슈퍼푸드를 먹는 사람이 많지 않기 때문에 실제로 슈퍼푸드가 우리 건강에 얼마나 좋은지, 슈퍼푸드를 먹는 사람 가운데 심장마비가 온 사람은 얼마나 되는지, 심장마비와 슈퍼푸드 식단은 어떤 관계가 있는지를 충분히 연구할 수 없다. 따라서 슈퍼푸드를 진짜 만병통치약이라고 할 만한 근거는 없다.

슈퍼푸드를 지지하는 과학은 없다. 슈퍼푸드가 비만이나 활동하지 않는 삶, 불행한 유전자 조합을 보상할 수는 없다. 슈퍼푸드는 해로운 음식일까? 아마도 아닐 것이다. 반드시 사 먹어야 할까? 슈퍼푸드를 좋아해서 기꺼이 지갑을 열 마음이 있다면 사 먹어도 좋다. 나는 퀴노아를 좋아한다. 퀴노아가 슈퍼푸드여서가 아니라 맛이 좋고 통곡물만큼 건강에 좋기 때문이다.

슈퍼푸드에 관한 과학은 시간이 지나면 변할 테고, 실제로 체중을 줄이고 심장마비를 막고 더 오래 살게 해주는 음식이 있다면, 그것은 매우 위대할 것이다. 하지만 건강을 위한다고 굳이 슈퍼푸드를 먹을 이유는 없다. 슈퍼푸드만큼 건강하고 쉽게 구할 수 있으며 값싼 음식은 얼마든지 있다. 연어, 매일 먹는 과일이나 채소, 평범한 통곡물도 혈압을 낮추고, 나쁜 콜레스테롤을 없애며, 장에 건강한 미생물군 유전체가 형성되게 하고, 적절한 체중을 유지하게 해 심장 건강을 개선한다는 연구 결과는 얼마든지 있다.

9장

우울증: 심장은 우울해질 수 있을까

정신적 고통은 육체적 고통만큼 극적이지 않지만,
더 많은 사람이 고통받고 있으며 고통의 강도도 훨씬 심하다.
정신적 고통은 흔히 감추려 하기에 악화된다.
'이가 아프다'는 말이 '마음이 아프다'는 말보다 하기 쉽다.

작가, 학자, 신학자
C.S.루이스

그날, 마지막 환자를 만날 준비를 마치고 진료실에 앉아 있었다. 6주 전에 심장 수술을 받은 환자는 건강 상태를 점검하려고 나를 찾아왔다. 그 환자를 기억했지만 강렬하고 선명한 기억은 없었다. 나에게는 수월하게 수술했고 잘 회복되어 집으로 돌아간 환자일 뿐이었다. 특별하게 극적이고 세부적인 기억이 없다는 것은 긴박한 일이 없었다는 뜻이므로, 심장 수술의 좋은 사례라 할 수 있다. 진료 기록을 살펴보던 나는 그가 심각한 흡연자였고, 금연하지 못해 애를 먹었다는 것을 발견했다. 환자가 오면 금연은 어떻게 되고 있는지 잊지 말고 물어야겠다고 다짐했다.

하지만 그 다짐은 필요 없는 것이었다. 환자가 내 앞에 앉는 순간

지독한 담배 냄새가 방을 가득 메웠다. 환자가 풍긴 지독한 담배 냄새는 방에서 절대로 쉽게 사라지지 않을 게 분명했다. 나는 그를 보며 몸 상태는 어떤지 물었고, 수술 자국을 살피고, 흉부 X선 사진을 들여다보았다. 문제가 될 만한 것은 전혀 없었다. 그런데 환자가 복용하는 약물을 살펴보고 있을 때, 그가 내 호기심을 자극하는 말을 했다. "병원 예약을 정말 기다렸습니다. 여기 올 때가 아니면 할 일 없이 집에 앉아 있는 게 전부니까요."

내가 '병원 예약을 기다렸다'는 것이 무슨 뜻이냐고 묻자, 그 환자는 수문을 열기라도 한 것처럼 이야기를 쏟아냈다. 그는 심장마비로 병원으로 실려온 뒤에 수술을 기다리다가 파트너와 헤어졌다. 입원해 있는 동안 파트너가 떠났지만, 퇴원한 뒤에는 달리 갈 곳이 없어 수치스럽게도 파트너와 함께 살던 집으로 돌아갔다. 물론 쉬운 일은 아니었다. 일할 수 없는 상태에서 연금만으로 월세와 식료품비를 감당할 수 없었다. 그에게는 친구도 가족도 없었기에 온종일 집에 앉아만 있었다. 그의 일상에 빛을 더해주는 시간은 물리 치료사와 의사를 만날 때뿐이었다. 잘 알지도 못하는 나를 만나러 오는 순간이 일상에 빛이 더해지는 순간이라니, 그 말을 듣는 순간 마음이 아팠다. 내가 물었다.

"그래서 우울하신가요?"

"우울합니다. 산다는 거 자체가 우울해요. 그래서 담배를 못 끊는 겁니다. 담배 말고는 달리 시간을 보낼 방법이 없으니까요."

짧게 끝날 줄 알았던 진료는 두 가지 이유로 아주 길어졌다. 첫째는 냉혹한 병원을 찾아오는 순간을 고대하는 남자 때문에 너무나도 슬퍼졌기 때문이고, 둘째는 한 사람이 아니라 의사로서 그 남자의 정신 상태를 들여다보고 싶었기 때문이다. 우울증을 안고 사는 인생은 끔찍하다. 우울증은 몸에 몹시 나쁜 영향을 미치고, 특히 심장에 좋지 않다. 나는 정신과 의사는 아니었지만 이 남자의 몸과 마음이 조금은 더 나아지기를 원했고, 그러려면 그 환자의 몸과 마음이 모두 정상적으로 작동해야 했다.

우울증이란 무엇인가?

현대인들은 그 어느 때보다 우울증을 자주 거론한다. 그건 좋은 일이다. 전 세계적으로 3억 명이 넘는 사람들이 우울증으로 고통을 겪는다. 오스트레일리아의 경우 스무 명 가운데 한 명 비율인 100만 명이 우울증을 앓고 있으며, 오스트레일리아인 절반은 살아가는 동안 정신 장애를 앓을 수 있다. 다른 지역도 사정은 마찬가지인데 미국인은 6.7퍼센트가 우울증을 앓고 있으며, 영국은 네 명 가운데 한 명, 혹은 여섯 명 가운데 한 명이 우울증을 앓고 있다.

우울증은 그저 슬픈 상태가 아니라 훨씬 심각한 정신 상태다. 그 사실을 명심한다면 왜 우울증이 심장에 영향을 주는지 이해할 수 있다. 우울증을 앓고 있는 사람은 몇 주가 넘는 긴 시간 동안 기분이 저하된 상태를 유지한다. 우울증은 무쾌감증anhedonia의 원인일 수 있다. 무쾌감증이 오면 이전에는 즐거웠던 일이나 행동이 조금도 즐겁지 않다. 자신이 가치 없는 것 같고 죄의식이 느껴지며 불안해지는 것도 우울증 증상이다. 이 증상들은 몸에 영향을 미치고 식욕과 기력을 앗아가고 수면까지 방해한다.

우울증은 심장에 문제가 생기는 등 충격적인 사건을 겪을 때도 생긴다. 하지만 충격적인 사건만이 우울증을 부르는 유일한 요소는 아니다. 유전자도 우울증에 큰 영향을 미친다. 부모에게서 받은 유전자가 우울증에 기여하는 비율이 30퍼센트 정도라고 추정하는 사람도 있다. 나머지 70퍼센트는 성격, 나이, 오랫동안 받은 스트레스, 인생의 주요 사건이 만든다. 우울증도 심장 질환처럼 뇌의 생화학적 변화에 뿌리를 둔 질병임을 인식하는 것이 중요하다. 우울증은 혼자 극복할 수 없을 수도 있다. 뼈가 부러지면 의사를 찾아가는 것처럼 우울증이 왔을 때도 의사를 찾아가야 한다.

심장전문의가 우울증에 관해 쓰다니 이상한가? 뇌와 심장은 너무나도 멀리 떨어져 있으니 그럴 수도 있다. 하지만 실제로 뇌와 심장은 상당히 밀접하게 연결되어 서로에게 의존하고 있다.

스트레스가 몸(특히 심장)에 우울증을 겪게 한다는 사실을 우리는 인지하기 시작했다. 몇 년 전만 해도 심장마비가 온 뒤에 급격히 우울해진 사람의 등을 토닥이며 짧게 (하지만 충분히 선한 의도를 가지고) '힘내'라고 위로하곤 했다. 이제는 우울증이 심장 질환을 유발할 뿐 아니라 회복 능력과 회복된 건강을 유지하는 능력도 손상하는 심각한 위험 인자임을 알고 있다. 심각한 질병뿐 아니라, 일반적인 신체적 질환을 앓는 환자도 우울증이 발병할 수 있다. 정말로 고약하게 돌고 도는 맞물림이다. 그렇다면 머리는 어떤 식으로 심장을 아프게 할까? 심장도 머리를 아프게 할 수 있을까? 다시 말해서 심장 질환이 뇌를 아프게 할 수 있을까?

닭이 먼저냐, 달걀이 먼저냐?

심각한 병을 앓은 사람에게는 우울증이 올 수 있다. 갑자기 병에 걸린 환자에게 우울증이 발병하는 일은 흔하다. 앞서 이야기한 것처럼 우울증은 여러 질병을 일으키는 위험 요소다. 심장 질환도 우울증 때문에 생길 수 있다. 질병과 우울증의 관계는 어느 정도는 '닭이 먼저냐, 달걀이 먼저냐'의 문제처럼 느껴진다. 우울해서 심장이 아픈 걸까, 심장이 아파서 우울한 걸까?

'안정형' 심장 질환을 비롯해 심장 질환을 앓는 모든 사람 가운데, 우울증을 앓는 사람의 비율은 31~45퍼센트 정도다. 협심증을 앓고 있거나 심장마비를 경험한 사람은 그렇지 않은 사람들보다 우울증에 걸릴 가능성이 세 배 정도 높다. 심장 질환 환자만이 아니라 암 환자들의 우울증 발병 비율도 비슷하다. 생명을 위협하고 삶을 바꿔버리는 질병이 정신 건강에 영향을 미치는 상황은 지극히 당연한 것 같다.

여성 9만 3000명을 대상으로 진행한 연구에서 우울증을 앓는 사람은 심장에 문제가 생길 위험도 더 크다는 결론이 나왔다. 우울증이 있는 사람은 그렇지 않은 사람보다 1.5배 정도 심장 질환 발병 가능성이 컸다. 흥미롭게도 우울증은 고혈압이나 당뇨 같은 전통적인 심장 질환 위험 요소가 없는 경우에도 심장마비를 일으키는 위험 요소로 작용한다. 육체적으로 건강한 사람도 우울증이 오면 심장과 혈관이 손상될 수 있다. 우울증이라는 단일 요소만으로 심장마비가 올 가능성이 1.6배 이상 높아진다는 연구 결과도 있다.

우울증이 다른 위험 요소와 합쳐지면 몸과 심장에 엄청난 문제가 생긴다. 그때부터는 어마어마한 수치가 등장한다. 심장마비를 경험한 환자가 우울증을 앓고 있다면, 또다시 심장마비가 올 가능성이 2.5배 정도 높아지고, 심장 질환으로 죽을 수도 있다. 심장 문제로 병원에 재입원하게 될 가능성도 훨씬 크다. 심장마비가 오기 전에 이미 우울증을 앓고 있었다거나 심장마비가 온 뒤에 우울증이 발병했다는 것은 아무 차이가 없다. 두 경우 모두 나쁘다. 하지만 심장마비 때문에 우울증이 온 환자들이 심장 질환 때문에 가장 힘들게 싸워야 하는 사람들임은 분명하다.

우울증이라는 짙은 안개는 어떤 방법으로 우리 심장을 아프게 할까? 여기서도 염증이 큰 역할을 한다. 우울증은 뇌 깊숙한 곳에 자리 잡고 있을지도 모르지만, 우울증에 걸린 몸은 몸의 여러 곳에 있는 세포에서 사이토카인이라 부르는 호르몬을 방출한다. 이런 전염증성 사이토카인은 면역계를 활성화시킨다. 그 때문에 우울증이 지속될 수 있고, 몸의 모든 부위에 영향을 미칠 수 있다. 우울증인 사람은 극심한 피로를 느끼는 경우가 많은데, 사이토카인과 그것이 온몸에서 일으킨 염증 반응 때문일 수도 있다.

우울증과 심장에 문제를 일으키는 염증이 관계가 있음을 과학적으로 입증하려면, 우울증을 앓고 있는 사람의 혈액을 검사해 우울증과 사이토카인의 관계를 확인해야 한다. 과학자들은 사이토카인이 심장과 혈관에 문제를 일으키는지 연구했고, 정확히 그렇다는 결론을 내렸다. 우울증 때문에 수치가 높아지는 전염증성 사이토카인은 심장을 직접적으로 다치게 하고 혈관을 막히게 한다.

우울증으로 염증이 발생하지 않더라도 우울증을 앓는 사람 가운데 많은 사람이 심장 질환으로 고생한다. 이 사실은 우울증과 심장 질환에 관여하는 요인이 한 가지 이상이라는 것을 의미한다.

우울증은 혈관에 영향을 미쳐 심장을 아프게 할 수 있다. 염증과 명확하게 밝혀지지 않은 다른 요인이 그 원인일 텐데, 우울증 환자의 혈관 내피는 온전히 기능하지 않는다. 앞서 살펴본 것처럼 내피가 건강해야 동맥에 혈전이 쌓이지 않는다. 혈관 내피는 일산화질소를 만들고, 일산화질소에 반응해 혈관을 이완하고, 혈액이 원활하게 흐르게 한다. 우울증 환자의 혈관은 제대로 이완되지 않으며, 일산화질소에 잘 반응하지도 않는다. 혈관이 제대로 이완하지 않으면 혈액이 제대로 흐르지 않을 뿐더러 혈관이 손상된다. 혈관이 손상되면 혈전이 쌓일 가능성이 커져 조직과 기관에 필요한 혈액을 공급하지 못한다.

아스피린은 심장마비의 발병률을 크게 낮춘다. 그 때문에 심장마비가 온 사람들에게 정기적으로 아스피린을 처방한다. 아스피린이 생명을 구하는 이유는 병든 동맥에 혈전이 쌓이는 것을 막아주기 때문이다. 아스피린을 복용하면 혈소판이라는 작은 혈구가 한데 엉겨 응고되지 않아 특히 관상동맥에 혈전이 쌓이는 것을 막을 수 있다(관상동맥에 혈전이 쌓이면 심장마비가 온다). 사실상 거의 모든 세포와 기관이 그렇듯이 혈소판도 호르몬의 영향을 받는다. 혈소판에 영향을 미치는 중요 호르몬은 세로토닌이다. 우울증과 세로토닌을 함께 언급하다니, 아마도 생각나는 것이 있을 것이다. 세로토닌은 뇌에서도 일한다는 사실 말이다. 세로토닌은 뉴런과 뇌의 일부 지역이 신호를 주고받을 수 있도록 매개 역할을 하는 신경전달물질로 우울증과 밀접한 관계가 있다.

몸과 과학에서 내가 가장 좋아하는 부분 가운데 하나가 바로 모든 것이 서로 연결되는 방식이다. 우울증을 앓고 있는 사람의 몸(특히 뇌)에서는 세로토닌이라는 신경전달물질이 적게 분비되기 때문에 우울증의 주요 증상이 나타날 수 있다. 우울증인 사람에게 세로토닌 재흡수 억제제Selective Serotonin Reuptake Inhibitor, SSRI를 처방하면 뇌 주변에서 세로토닌 수치가 높아지고 기분이 좋아진다.

과학자들은 세로토닌이 혈소판에 작용하는 흥미로운 효과도 살펴본다. 세로토닌이 혈소판에 작용하면 혈소판은 서로 뭉쳐 혈전을 만든다. 세로토닌 수치가 낮아 우울증이 온 환자의 몸에는 혈전을 만들 혈관을 찾아 과잉 활동하는 혈소판이 온몸을 돌아다니는지도 모른다. 세로토닌 재흡수 억제제는 세로토닌이 혈소판 안으로 돌아가지 못하게 한다. 세로토닌이 없는 혈소판은 서로 뭉치지 못하기 때문에 혈액은 훨씬 걸쭉해진다. 따라서 우울증을 치료하면 부수적으로 심장마비를 일으키는 비정상적인 혈전 생성을 막을 수 있다.

이것으로 끝이 아니다. 뇌는 호르몬을 이용해서 몸과 신호를 주고받는다. 호르몬은 뇌와 신경이 할 수 있는 것보다 더 먼 곳까지 신호를 전달한다. 이를 신경 내분비성 메커니즘이라고 하는데, 말 그대로 뇌와 신경, 호르몬이 관여한다.

심장이 아픈 환자는 아드레날린과 아드레날린의 사촌 호르몬인 노르아드레날린 수치가 높아진다. 두 호르몬은 심장이 더 빠르고 세게 펌프질하게 만들기 때문에, 산소를 더 많이 필요로 하고 혈압이 높아진다. 이 반응은 위험을 피해 도망칠 때는 유용하지만 심장이 아플 때는 그렇지 않다. 심장 질환 환자의 몸에서 아드레날린과 노르아드레날린이 지나치게 많이 분비되면 생존 가능성이 작아진다. 심장 질환 환자에게 처방하는 약(베타 차단제)은 아드레날린과 노르아드레날린이 불필요하게 과도한 일을 하지 않도록 직접 막아주는 역할을 한다.

우울증인 사람은 이런 호르몬을 분비하는 두 신경계의 균형이 깨진 것처럼 보인다. 교감신경계는 '투쟁-도피 반응'을 담당하는 신경계로, 아드레날린과 노르아드레날린의 분비도 책임진다. 교감신경계에 반대되는 신경계는 부교감신경계로 '쉬면서 소화하는' 몸의 능력을 책임진다. 우울증 환자는 교감신경계가 지나치게 통제되는 등 이 두 신경계의 균형이 깨진 경우가 많다.

우울증 환자에게 나타나는 신경계 불균형 때문에 심박 변이도 heart-rate variability 감소 현상이 나타난다. 심박 변이란 심장 박동수가 변한다는 뜻으로, 심박 변이도가 감소한다는 것은 심장이 지나치게 '투쟁-도피' 상태가 되어 '쉬면서 소화하기'를 제대로 해내지 못한다는 뜻이다. 더 걱정스러운 일은 심장마비나 심장 질환을 앓는 환자들에게도 심박 변이도 감소 현상이 나타나고, 그에 따른 결과가 좋지 않다는 것이다. 우울증이 심할수록 심박 변이도 감소 폭도 커진다는 사실은 특히 흥미롭다.

나 자신을 돌본다는 것

우울한 것이 분명한 내 환자에게로 돌아가자. 가장 걱정하는 부분은 그 환자가 여전히 담배를 피운다는 것이다. 더 걱정되는 것은 그 환자가 자신이 담배를 피우는 이유를 담배가 아니면 하루를 채울 방법이 전혀 없기 때문이라고 말했다는 점이다.

병동에는 의료진이 '턱수염 징후'라고 부르는 현상이 있다. 심장외과 레지던트로 일할 때 그 말을 처음 들었다. 그때 병동에 심장 수술을 한 환자가 있었는데, 상태가 아주 심각했다. 안타깝게도 수술을 한 뒤에도 그는 쉽게 회복되지 못했다. 건강해지려고 노력하면서 거의 6주나 병원에 머물렀지만, 모든 일이 비참했기에 건강해질 수 없었다. 그는 물리치료를 받으려는 노력조차 할 수 없었다.

흥미로운 점은 그 환자가 그런 반응을 보이리라는 것을 경험 많은 의사가 미리 예언했다는 것이다. 그 의사의 말을 기억한다. "저걸 봐. 턱수염 징후가 나타나고 있어. 저 사람 쉽게 회복되지 않을 거야." 의사의 말은 그 가엾은 환자가 면도하는 행위처럼 자신을 돌보는 간단한 일조차 하지 않는다는 의미였다. 그 환자의 병실에 들어갔을 때, 수염을 말끔하게 정리한 모습을 본 아침을 기억한다. 그날 우리는 팡파르를 울렸다. 수염이 사라진 얼굴을 보는 순간 우리는 그가 회복되었음을, 몸이 회복되어 마음도 회복되었음을 직감할 수 있었다. 그 환자는 얼마 후 퇴원했다.

우울증은 무언가를 하고자 하는 의욕을, 특히 자기 자신을 돌보려는 의욕을 앗아간다. 잘 살고 건강해지려면 상당히 많은 일을 해야 한다. 처방받은 약을 제대로 먹어야 하고 운동해야 하고 예약한 날짜에 병원에 가야 하고 담배와 술을 끊어야 한다. 우울증은 신체 기능만이 아니라 침대에서 일어나는 능력과 '자기 몸에 좋은' 일을 하는 능력도 제거한다.

심장 질환을 앓는 환자들을 대상으로 한 연구는 우울증은 물론이고, 우울증과 어떤 일을 하고자 하는 의욕의 관계를 탐구했다. 심장이 병든 사람이 회복하려면 운동과 심장 재활 훈련을 반드시 해야 한다. 우울증이 있는 사람은 우울증이 없는 사람에 비해 의욕이 부족했고, 실제로 운동과 재활 훈련을 하는 시간이 더 적었다.

우울증과 함께 오는 불안 장애는 흔한 질병이다. 우울증과 발병 작용도 같고, 환자가 자신을 돌보지 못하게 하는 불안 장애는 심장마비 발병 가능성을 높이고, 한 번이 아니라 두 번째 심장마비까지 불러올 수 있다.

심장과 마음 치유하기

우울증은 아주 흔하다. 단순히 기분이 저조한 것을 넘어 극도로 기분이 저조한 상태를 경험한 적은 없다고 해도, 그런 상태에 빠진 사람을 한 명쯤은 알고 있을 것이다. 우울증은 심장을 병들게 하는 아주 위험한 요인이다. 우울증과 심장 질환은 정말로 밀접한 관련이 있다. 미국심장학회나 미국심장병학회 등 저명한 전문가 단체는 심장 전문 잡지 『순환계*Circulation*』를 통해 관련 주제를 다루고 있다.

우리는 혈압 조절 약을 먹을 수도 있고 운동이나 금연을 할 수도 있다. 이제는 우울증을 치료하는 약도 있고 치료법도 있다. 우울증은 우울증뿐만이 아니라 우울증이 다양하게 영향을 미칠 몸의 나머지 부분을 위해서도 치료해야 한다. 우울증 치료가 중요한 것은 마음이 치료에 반응하면 몸도 같이 건강해지기 때문이다.

우울증 치료제

항우울제 프로작Prozac은 전 세계적으로 가장 많이 처방되는 약품 중 하나다. 프로작의 인기에는 그럴 만한 이유가 있다. 프로작은 앞서 살펴본 세로토닌 재흡수 억제제다. 세로토닌 재흡수 억제제는 우울증 치료에 돌파구를 제시한 약물로, 결함이 있는 약이지만 수많은 생명을 살렸고, 수백만 명의 고단한 삶을 도왔다.

세로토닌 재흡수 억제제는 항염증이라는 중요한 작용을 한다. 혈관이나 심장의 염증을 줄이지는 않지만, 혈관 내 전염증성 사이토카인이나 호르몬의 수치를 낮춘다고 알려졌다. 임상 실험에서 세로토닌 재흡수 억제제가 우울증이 있는 사람에게서 심장 질환 발병 가능성을 언제나 낮추는 것은 아니라는 결과가 나왔다. 항우울제는 상담과 운동 프로그램을 병행해야만 심장 질환에 좋은 영향을 미치지만, 우울한 사람이 슬럼프에서 벗어나 다른 중요한 치료에 전념할 수 있게 돕는지도 모른다.

항우울제가 모두 같은 방식으로 만들어지지는 않는다. 가장 많이 처방하고 가장 많이 복용하는 항우울제는 세로토닌 재흡수 억제제 계열의 약이지만, 실제로 항우울제의 종류는 많다. 부작용을 최소화하면서 적절한 항우울제를 처방하는 일은 의사와 환자 모두에게 어려운 과제다. 염증 때문에 심장 질환 발병 가능성이 커지고 항우울제의 효능이 떨어지는 환자도 있다.

항우울제는 우울증을 치료하는 중요한 도구이며 계속 활용될 테지만, 만병통치약은 아니다. 그에 반해 운동은 많은 질병을 치유할 수 있는 만능 도구다. 운동은 우울증을 치료하는 중요한 치료법으로 염증을 줄이고 신경전달물질과 뇌 호르몬의 분비량을 늘리고 기분을 좋게 한다. 운동은 우울증을 치료할 뿐 아니라 심장 건강에도 엄청난 도움을 준다.

심장 질환 환자를 대상으로 진행한 대규모 연구에 따르면, 운동 프로그램은 육체 질환으로 환자가 병원에 입원하는 횟수를 줄이고 우울증 발병 가능성도 10퍼센트까지 낮출 수 있다. 운동이 우울증에 작용하는 효과가 항우울제보다 조금 높다는 연구 결과도 있다. 운동과 항우울제 모두 중요한 우울증 치료법이지만, 어쩌면 운동이 항우울제보다 나은 치료법일 수 있다.

우울증을 비롯한 수많은 정신 질환을 치료하는 데 활용하는 상담, 심리 치료 방법은 아주 다양하다. 우울증과 심장 질환 치료 방법으로써 상담은 효과는 크지 않을 수 있지만, 결코 의미 없다거나 중요하지 않은 것은 아니다. 본질적으로 치료와 상담은 우울증 치료에 중요한 역할을 하고, 생명을 약속하며 심리 도구를 제공한다.

과학은 아직 치료와 상담이 우울증에 어떤 뚜렷한 이득이 있는지 밝혀내지 못했지만, 침묵 속에서 홀로 고통받는 것은 우울증에도 심장에도 좋지 않다. 여러 상황이나 나이, 사회 배경을 고려한다고 해도 사회적으로 고립되는 일은 건강을 유지하는 데 절대로 도움이 되지 않는다. 외롭고 혈압이 높은 사람들은 코르티솔 같은 스트레스 호르몬이 많이 분비된다. 사회적 지원은 한 사람이 잘살고 건강을 유지하며 질병을 앓았을 때도 회복하게 해주는 중요한 요소다. 심장 수술을 받은 뒤에 내 진료실을 찾아온 환자를 기억하는가? 그는 대화할 사람이 없었다. 의사를 만나러 병원에 오는 것만이 그의 유일한 사교 활동이었다.

심장이 머리에 희생당하지 않도록

심장 질환을 앓는 사람들에게 우울증이 작용하는 방식을 알아보는 연구가 진행되고 있다. 우울증은 심장 질환을 불러올 수 있다. 또한 우울증과 불안 장애, 사회적 고립은 당뇨 같은 전통적인 위험 요인과 마찬가지로 심장 질환을 일으키는 위험 요인이다. 이런 문제들을 인지하는 것도 중요하지만 예방법도 고민해야 한다.

심장뿐 아니라 한 인격체인 당신을 위해서도 우울증 상담을 받고 치료하는 일이 아주 중요하다. 의사와 간호사는 우울증 발병 가능성이 큰 사람을 많이 보았기에 위험 요소가 높으면 적절하게 대처한다. 문제는 우울증 위험 요소가 자신에게 분명하게 영향을 미치고 있다는 증거가 있고 이미 영향을 받는 것이 아닌 한, 대부분은 무시하고 아무 조치를 하지 않는다는 것이다. 사람에게는 무엇이든 가능한 오랫동안 무시하는 재능이 있다.

심장 질환은 대체로 갑자기 생기지 않고, 아주 오랫동안 천천히 악화된다. 우울증은 우리가 인지하는 것보다 훨씬 오래전부터(인생 초기부터) 심장에 나쁜 영향을 미친다. 이런 사실을 일찍 알고 있어야 신경 써서 심장을 돌볼 수 있다. 당연히 육체가 건강해지면 정신도 건강해지고, 좋은 건강 상태를 오래 지속할 수 있다.

운동은 심장 질환과 우울증을 예방하고 치료하는 일관 요인이다. 지금까지 논의한 내용 모두에서 유추할 수 있는 중요한 사실은, 운동이 몸을 위해 해야 하는 가장 중요한 일이라는 점이다. 운동하고 건강한 식습관을 유지하면 비만, 염증, 당뇨, 우울증, 궁극적으로 심장 질환이 발병할 위험이 낮아져 체중도 장도 뇌도 모두 건강해질 수 있다.

나쁜 감정이 몸을 아프게 한다면, 좋은 감정은 우리 몸을 치유한다. 그러니 행복한 삶을 살아가자. 도움을 청하고 자기 몸을 돌보자. 진정한 행복을 개발하는 힘은 뇌가 몸의 건강에 긍정적인 흔적을 남기게 만드는 것이다. 우울증, 불안, 사회적 고립은 일상을 고달프게 만들 뿐 아니라 아프게 한다. 몸의 작은 부분 하나까지 제대로 돌보면 건강하고 행복한 심장을 갖게 될 것이다.

10장

졸린 심장

잠을 사랑한다.
삶은 깨어 있을 때 무너지는 경향이 있다는 걸 알고 있는가?

작가
어니스트 헤밍웨이

나는 잠 이야기를 아주 많이 한다. 회진 도는 아침이면 환자들에게 몸은 어떻냐고 묻는데, 환자들 가운데 절반 이상은 잠을 제대로 자지 못했다고 대답한다. 병원 침대가 불편해서 혹은 끊임없이 윙윙거리는 기계들 때문에 잠을 자지 못했다는 환자도 있다. 자고 있는데 간호사가 들어와 몸 상태를 살펴보는 바람에 잠에서 깼다는 환자도 있다. 큰 수술을 받은 환자는 밤중에 몸 상태를 살펴보는 일이 당연하지만, 자다 깨면 짜증이 나는 것도 당연하다. 큰 수술을 받은 뒤에는 악몽을 꾸거나 불면증이 오기도 하며, 강력한 진통제가 만들어낸 작은 자주색 남자들이 찾아오기도 한다. 실제로 환자들도 진통제 때문에 종종 기이한 환영을 보거나 악몽을 꾼다. 한 노인 환자는 침대에 앉아 있는 녹색 생명체들과 이야기하느라 밤을 꼬박 새웠다고 했다. 그분의 말처럼 "그 녀석들은 정말로 좋은 친구들"이다.

잠을 못 자는 이유가 무엇이든 부족한 잠보다 더 많은 불평과 걱정을 야기하는 일은 별로 없다. 수면 부족은 일상을 파괴하고 자신이 아주 초라한 사람인 것처럼 느끼게 한다. 수면은 육체적 고통에서 살면서 품게 되는 커다란 의문에 이르기까지, 모든 문제를 해결하는 좋은 치료제로 알려져 있다. 푹 자고 나면 감기가 나을 거라든지, '자고 나면' 모든 게 해결될 거라는 말을 얼마나 자주 하는지 생각해보자. 지나치게 많은 일 때문에, 아니면 지칠 때까지 노느라 잠들지 않는 현대인의 가혹한 생활 습관을 오롯이 감당해야 하는 건 바로 심장이다.

내 직업은 응급 상황이 생기면 지독하게 잠이 부족해지므로, 잠에 관한 연구는 언제나 나에게 묘한 느낌을 준다. 일주일에 100시간을 일하고, 어떨 때는 며칠 깨어 있어야 하며, 걸려오는 전화나 걱정거리 때문에 밤에도 깰 때가 많은 나는 불면증이 유발하는 고통을 잘 안다. (외과 의사는 오랫동안 일해도 환자의 상태를 위태롭게 만들지 않는다는 과학 연구 결과가 있고, 실제로 모든 환자에게 최선의 의료 서비스를 제공하고 있으니 혹여라도 걱정 마시라. 그 연구를 접한 뒤로는 태만해지지 않도록 애쓰고 있지만 말이다.)

병원은 잠을 제대로 자지 못하는 환자로 가득하다. 아파서 깨어 있는 환자도 있지만 낯선 환경 때문에, 밤새 울리는 기계 소리 때문에 잠들지 못하는 환자도 많다. 특히 중환자실 환자들은 섬망(의식

장애와 운동성 흥분 상태가 나타나는 상태-옮긴이)이나 정신증(심각한 성격 분열을 일으키는 정신 질환-옮긴이)이 나타나는 심각한 수면 장애를 겪을 수 있다. 중환자실은 24시간 내내 분주해서 환자들의 내부 생체 시계가 혼란을 느끼고 잠을 자지 못하거나 엉뚱한 시간에 잠이 들 수 있다.

잠을 자지 못하면 심장을 치유하는 데도 문제가 생긴다. 잠이 부족한 환자는 지독하게 피곤하므로 잠을 제대로 자지 못했을 때보다 매번 강렬한 통증과 고통을 느낀다. 고통이 심하면 제대로 움직이지도 못하고 치유가 되지도 않기 때문에 몸이 쉽게 회복되지 않고, 심장은 온갖 스트레스를 받는다. 스트레스를 받은 심장은 모니터에 나타나는 빠른 심장 박동으로 확인할 수 있다. 심장이 적절한 속도보다 빨리 뛴다는 것은 아픈 심장에는 좋은 일이 아니다.

'잠이 모든 것을 해결한다'는 격언은 틀린 말이 아니다. 잠은 정말로 중요한 회복제다. 현대인은 외과 의사가 아니라고 해도 심각하게 잠이 부족하다. 수면의 질과 양은 건강과 행복에 중요한 역할을 한다. 특히 심장은 수면 패턴에 크게 영향을 받는다는 주장이 더 동의를 얻고 있다.

수면에 관한 짧은 지침

당신은 잠에 대해 무엇을 알고 있는가? 잠은 우리가 살아가는 전체 시간에서 3분의 1정도를 소비해야 하는 중요한 무언가라는 것은 알지만, 본질적으로는 거의 알려진 것이 없는 신비한 사건이다. 잠은 아주 짧게 지나가는 정적인 사건인 것만 같다. 눈을 감고 잠시 뒤에 눈을 뜨면 몇 시간이 훌쩍 지나 있다. 잠은 단순하면서도 믿을 수 없을 정도로 미묘하다.

잠에는 렘Rapid Eye Movement, REM수면과 비非렘수면이 있다. 자고 일어났을 때 개운함을 느낄 수 있는 건강한 수면 습관을 위해서는 이 두 가지 수면이 모두 필요하다. 렘이라는 용어는 '급속 안구 운동'의 약자다. 잠든 직후에는 비렘수면 상태로 들어가는데, 비렘수면 상태가 렘수면 상태로 바뀌려면 몇 단계를 거쳐야 한다. 잠자는 동안 두 가지 수면 상태는 계속 반복되며, 뇌의 전기 활동을 기록하면 잠자는 사람이 어떤 수면 상태에 있는지를 알 수 있다.

뇌파는 비렘수면일 때보다 렘수면일 때 빠르게 활동하지만, 뇌가 바쁠 때 몸은 완벽하게 아무 일도 하지 않는다. 렘수면 상태일 때는 눈동자만 빠르게 움직일 뿐 근육은 조금도 활동하지 않는다. 뇌로 유입되는 혈류량은 많아지고 혈압도 높아진다. 렘수면일 때 꿈을 꾸며, 꿈꾸는 동안 우리가 꿈처럼 날아가거나 춤추지 못하게 하려고 우리 몸은 완벽한 수면 마비 상태가 된다.

잠을 이루는 모든 부분을 통제하는 중추 부위는 뇌다. 잠자는 동안 몸은 전체적으로 변화를 겪는다. 체온만 해도 수면의 각 단계에 따라 달라진다. 당연히 우리가 잘 때는 심장과 순환계도 상당한 변화를 겪는다. 대부분은 이런 변화를 건강하고 능숙하게 관리하지만, 조절 능력이 제대로 작동하지 않는다면 수면 중 심장과 폐의 변화는 심장에 크게 무리를 줄 수 있다.

숙면할 때는 심장 박동이 느려지는데, 정상 상태의 심장 박동보다 훨씬 느려질 수도 있다. 자는 동안 심장 박동이 아주 느려지는 사람을 많이 보았다. 새벽 3시에 나에게 연락해 잠을 자는 환자의 심장 박동수가 1분에 30번이 안 된다며 걱정하는 의사와 간호사의 전화를 자주 받았으니까. 심장 박동은 특히 비렘수면 상태일 때 느려지고, 렘수면 상태일 때는 교감신경계와 부교감신경계가 작용하기 때문에 조금 빨라지고 훨씬 다채로워진다.

비렘수면 상태일 때는 쉬면서 소화시키는 역할을 하는 부교감신경계가 책임을 맡는다. 부교감신경계는 심장 박동, 혈압, 심지어 심장이 뛰는 힘까지 진정시키는 신경 신호를 보낸다. 이런 신호는 심장이 평소처럼 힘들게 일하지 않아도 된다는 뜻이니 심장 건강에 좋을 수밖에 없다.

생명체는 신경계뿐 아니라 24시간 작동하는 일주기 리듬circadian rhythm이라는 내부 시계도 가지고 있다. 살아 있는 모든 생명체에는 호르몬과 신경 신호에 맞춰 몸이 만들어낸 고유의 일주기 리듬이 있다. 일주기 리듬이 만드는 수면-각성 주기는 우리 몸에 자야 할 시간과 깨어 있어야 할 시간을 알려준다. 아주 먼 거리를 이동할 경우 시차가 파괴하는 것이 바로 수면-각성 주기다. 햇빛(을 비롯한 모든 빛)과 일상의 활동은 내부의 생체 시계를 조절한다. 일주기 리듬은 잠자는 동안 심장이 행동하는 방식에 어느 정도 영향을 미친다.

잠에서 깨는 일, 특히 자연스럽게 일어나는 일은 그 자체로 하나의 과정이다. '투쟁-도피 반응'을 담당하는 교감신경계가 단계적으로 활성화될 때 우리는 잠에서 깨어난다. 교감신경계가 활성화되면서 잠에서 깨기 전에 먼저 심장이 뛰는 속도가 빨라지고 혈압이 높아진다. 교감신경계는 부신에도 스트레스 호르몬인 코르티솔을 분비하라는 신호를 보낸다. 깨어나기 직전에 수치가 높아지는 코르티솔은 그날 우리가 대면해야 할 스트레스에 몸이 대비하게 한다. 흥미로운 점은 쉬는 주말보다는 일하는 평일에 코르티솔이 더 분비된다는 것이다. 스트레스는 아픈 심장에 부담이 된다. 일어나자마자 심장마비가 오는 경우는 그 때문이다.

살면서 수면 패턴은 계속 바뀐다. 갓난아기는 일정한 간격으로 잠을 자지 않고, 하루에 18시간까지 잔다. 일주기 리듬이 발달하고 수유 시간과 주변 환경에서 단서를 얻으면서, 아기의 수면 주기는 일정하게 바뀐다.

십 대 가운데 성장에 필요한 적정 수면 시간인 9~10시간을 자는 아이는 거의 없지만, 십 대는 어른보다 더 많이 잔다. 성인도 수면의 질이 저하되는 노년기 전까지 계속해서 수면 패턴이 바뀐다. 노년이 되어 수면의 질이 떨어지면 몸은 엄청난 스트레스를 받는다.

남자와 여자의 수면 패턴은 매우 다르다. 남자는 늦게 자고 늦게 일어나는 경향이 있는 반면에, 여자는 일찍 자고 일찍 일어난다. 여자도 남자처럼 쉽게 잠들려고 애쓰지만 남자보다 수면 중에 더 많이 깨는 경향이 있는데, 밤에 자다가 깨면 몸이 온전히 회복되지 않고 심장에도 무리가 간다.

나이, 발달단계, 욕구에 상관없이 수면은 심신 건강에 아주 중요하다. 건강해지려면, 특히 심장이 건강해지려면 푹 쉬고 일상을 영위할 수 있겠다는 느낌이 들 정도로 잠을 자야 한다. 잠자는 동안 뇌가 고쳐지고 회복되는 것처럼 심장도 잠을 자야 치유된다. 잠을 자야 진정한 휴식을 취할 수 있고, 결과적으로 혈압도 낮아져 심장과 혈관에 여유가 생긴다.

수면은 그 밖에도 여러 방법으로 심장 건강에 직접적으로 도움을 준다. 잠을 잘 자면 식욕을 조절할 수 있고, 결과적으로 건강한 체중을 유지할 수 있다. 잠을 잘 자면 우리 몸은 인슐린에 훨씬 쉽게 반응해 심장과 혈관에 해를 끼치고, 당뇨를 부르는 설탕과 지방을 몸에서 배출할 수 있다.

겉잠이 심장에 미치는 악영향

병이 나면 건강한 수면 패턴을 유지할 수 없다. 신체 질환과 정신 질환은 뇌의 평형 상태를 깨뜨려 너무 많이 자거나 너무 적게 자게 한다. 환자들은 심장 수술을 받아야 한다는 사실에 너무나도 큰 스트레스를 받아 잠을 자지 못하고 눈을 동그랗게 뜬 채 밤을 꼬박 새운다. 나는 환자들에게 심장 수술을 앞둔 사람은 그럴 수 있다고 미리 말한다.

흉부외과 수련의로 훈련을 받을 때, 나는 멋진 스승을 만나는 행운을 누렸다. 스승의 가르침은 수술실 밖에서도 계속되었다. 그분은 환자들이 문진(병력을 청취하는 과정)에 적극적으로 임하고, 수술받을 마음을 먹게끔 독려하는 탁월한 기술을 알려주셨다. 오래전에 나는 스승이 관상동맥 우회로 이식 수술을 받아야 한다고 환자를 설득하는 모습을 지켜보았다. 가슴 통증을 호소하던 환자는 수술받으면 자신을 돌봐야 하는 아내 이야기까지 했다. 스승이 환자에게

"참전 용사라고 들었습니다. 그 이야기를 좀 해주세요"라고 하자, 환자는 베트남에 관해 뭐라고 중얼거리더니 "그렇게 좋지는 않았어요"라고 했다. 병실에서 나오면서 왜 군대 이야기를 물어봤는지를 묻자, 스승은 뇌가 수술을 받아야 한다는 스트레스에 노출되면 계속 숨기고자 했던 기억들이 생각나거나 꿈에 나타난다고 했다. 전쟁에서 겪은 끔찍한 일은 뇌가 잊고자 하는 기억이지만, 외과 수술이라는 통제된 외상을 입으면 끔찍한 기억이 되살아날 수 있다.

그 환자는 수술을 받은 뒤로 충분히 잠을 자지 못했다. 잘 못 자는 정도가 아니라 반복해서 전쟁 기억을 떠올리고 힘들어했다. 수술과 회복해야 하는 몸이 받는 스트레스 때문에 잠들지 못하고, 잠들어도 끔찍한 꿈을 꿨다.

마지막으로 기분이 좋지 않았던 날을 떠올려보자. 그날 잠을 푹 잤는가? 아마도 제대로 자지 못했을 것이다. 오렉신이라는 호르몬의 균형이 깨지면 잠은 영향을 받는다. 병이 나 뇌에서 분비하는 오렉신의 양이 크게 감소하면, 잠이 많아지고 제대로 생각할 수 없고 팔과 다리의 움직임도 어색해진다.

질병과 잠의 관계에서도 염증이 중요한 역할을 한다. 많은 질병이 종양괴사인자Tumour Necrosis Factor, TNF 같은 염증 호르몬을 다량 분비하게 하는데, 종양괴사인자는 뇌에 영향을 미쳐 수면을 방해한다. 막 심장 수술을 받은 환자는 종양괴사인자 수치가 높다. 내가 환자들에게 잠들지 못할 수 있다고 경고하는 이유는 그 때문이다.

병이 나면 잠을 제대로 자지 못할 수 있다. 그렇다면 잠을 제대로 자지 못하면 건강에 문제가 생길까? 특히 심장에 말이다. 만성적으로 잠이 부족한 나에게는 정말로 무서운 질문이다. 푹 잘 수 없고 늘 피곤한 사람이 절대적으로 많은 현대 사회에서 부족한 잠이 건강을 해칠 수 있다는 주장이 두려운 사람은 나뿐만이 아닐 것이다.

미국 국립보건원은 수면 장애를 겪거나 잠을 제대로 자지 못할 때가 많은 미국인이 5000만 명에서 7000만 명에 이를 것으로 추정한다. 일하거나 놀아야 해서 잠들지 못하는 사람도 있다. 폐쇄성 수면 무호흡증 때문에 잠들지 못하는 사람도 있다. 불안과 우울증도 수면 패턴을 해친다. 대체로 현대인은 피곤하다. 피곤은 우리 심장에 가장 나쁜 영향을 미치는 위험 요소다.

코골이와 쪽잠

수면과 관련해서 심장을 아프게 하는 주요인은 불면증(또는 수면 부족)과 폐쇄성 수면 무호흡증이다. 이는 수면 시간을 줄이고 수면의 질을 크게 낮춘다. 먼저 수많은 사람에게 고통을 주는 불면증과 수면 부족을 살펴보자. 불면증의 형태는 여러 가지다. 이유가 무엇이든 그저 잠을 자지 못할 수도 있고, 자다가 깨다가를 반복하는 '토막잠'을 잘 수도 있고, 상당히 오래 잔 것 같은데 극도로 피곤하고 기력이 없을 수도 있다.

1년 내내 불면증에 시달리는 사람이 전체 인구의 30~40퍼센트라는 연구 결과가 있을 정도로 불면증은 흔한 증상이다. 불면증이 오는 이유는 육체적 질병, 혹은 정신 질환 때문일 수도 있다. 일, 새로 태어난 아기, 시끄러운 이웃 같은 일상적인 이유로 잠을 해칠 수도 있다. 불면증은 노인과 여자들에게 더 많이 나타난다.

많은 연구에서 불면증인 사람과 불면증이 아닌 사람의 수면 중 심장 박동수를 비교했다. 이 연구들은 모두 불면증인 사람은 잠자는 동안 심장 박동수가 증가한다는 결론을 내렸는데, 이는 스트레스 호르몬계(시상하부-뇌하수체-부신 축)가 활동하기 때문이다. 시상하부-뇌하수체-부신 축이 활성화되면, 뇌와 뇌의 기저부에 있는 뇌하수체와 콩팥 위에 있는 부신이 활발하게 호르몬으로 신호를 주고받는다. 이 중요한 조절계는 뇌가 뇌하수체에 스트레스를 받았다는 신호를 보내면 활동하기 시작하고, 신호를 받은 뇌하수체는 부신에 코르티솔을 분비하라는 신호를 보낸다. 코르티솔이라는 스트레스 호르몬은 벌써 여러 번 언급했다. 코르티솔은 심각한 스트레스를 받는 상황에서는 유용한 호르몬이지만, 지나치게 오래 분비되면 심장의 건강을 크게 해친다.

불면증에 관한 연구는 단순하지 않고, 설문지에 의존할 때가 많다. 설문지에 의존한 연구는 잠에 관한 내용을 상세하게 기술할 수 없기 때문에 정확하지 않은 자료를 양산한다. 수면 장애와 고혈압이 관련 있다는 일부 연구의 결론이 신빙성이 있는지 의문을 제기하는 것도 그 때문이다. 훨씬 정교하고 수학적인 방법으로 진행한 대규모 연구에서, 불면증인 사람은 제대로 수면하는 사람보다 고혈압 발병 가능성이 1.8배 높다는 결론이 나왔다. 여기서도 뇌하수체-시상하부-부신 축과 코르티솔이 원인이다. 잠이 부족하면 몸과 뇌가 스트레스를 받아 코르티솔이 분비되고, 혈압이 높아진다.

밤에 충분히 자지 못하거나 쉽게 잠들지 못하는 사람의 심장 질환 발병 위험도를 조사한 연구에 따르면, 불면증인 사람의 심장 질환 위험도가 세 배까지 증가한 사례도 있다. 현실은 그렇게까지 극적이지 않지만, 수학과 외삽법(과거의 추세가 장래에도 지속되리라는 전제 하에 미래를 예측하는 기법-옮긴이)에 근거해 추론한다면 수면의 질이 낮거나 충분한 시간 동안 수면하지 못할 때 심장에 무리가 올 수 있다.

보통은 잠을 잘 자지만, 가끔 심각하게 잠을 자지 못하는 상황은 어떨까? 응급 수술 때문에 며칠씩 잠을 자지 못하는 상황이 오는 나처럼 말이다. 잠자는 시간을 제한하거나 갑자기 잠을 못 자면 끔찍한 기분이 든다. 셀 수 없이 많은 날 잠자는 시간을 박탈당한 나는 잠을 재우지 않는 고문이 생긴 이유를 이해한다. 아주 피곤하면 몸이 버겁다. 근육은 쑤시고 두통은 사라지지 않는다. 뇌는 수면 부족을 받아들이지 못한다. 즉 혼란에 빠진 뇌는 상황을 통제하지 못한다. 16시간 동안 잠자지 않은 상태에서 운전하는 것은 일부 지방에서는 운전면허가 취소될 정도로 취한 상황(혈중알코올농도 0.08에 해당하는)과 동일한 뇌 상태로 운전하는 것과 같다.

수면을 박탈당한 상태는 심장에 좋지 않다. 메타 분석은 독자적으로 진행한 많은 연구 자료를 한데 모아 분석하는 연구 방법이다. 메타 분석을 진행하는 이유는 독자적인 연구들이 보유한 자료의 긍정적인 측면은 강화하고 약점은 보완하기 위해서다. 심장 질환과 수면 박탈에 관한 메타 분석 결과는 두 요소의 상관관계를 보여준다. 잠을 자지 못하는 상황은 더 많이 먹게 하고 덜 움직이게 하는 등 다른 위험 요소를 강화하는 경향이 있어 당뇨, 비만, 고혈압의 발병률을 높인다.

핀란드 여성들을 대상으로 40시간 동안 잠을 자지 못했을 때 일어나는 일을 살펴본 연구가 있다. 실험 대상자들의 상태를 모니터로 연결해 수면 시간과 수면의 질, 심장의 행동 방식을 추적했다. 특히 폐경기인 여성이 심박 변이도가 감소했는데, 자율신경계가 지나치게 활성화되어 심장이 필요 이상으로 무리하게 일하고 있다는 뜻이었다. 이 상황이 지속되면 추가 작업 때문에 무리한 심장이 '마모되고 찢어지면서' 결국 심장 질환이 발병한다.

심장 박동에 나타나는 특별한 변화 외에도 수면 장애는 심장 질환의 전구 형태와 관계가 있다. 수면 장애가 있는 사람의 당뇨 발병률은 30퍼센트 정도 더 높다. 심지어 잠을 자지 못하면 전당뇨 증상도 나타나 몸이 인슐린에 제대로 반응하지 못해, 혈관에 혈당이 쌓이고 심장과 혈관을 비롯한 조직이 손상될 수 있다. 혈압은 평균 13수은주밀리미터 상승해 앞서 살펴본 것처럼 고혈압이 될 수 있다. 혈압 상승도 심장과 혈관에 심각한 스트레스를 준다.

현대인은 늘 기진맥진한 상태다. 나도 정말로 피곤한 사람이기에 이런 연구 자료들을 보면 겁이 난다. 세상에는 잠을 자지 못하기 때문에 그저 피곤한 것이 아니라 진짜 병이 나는 사람들이 있는데, 이들은 심장에 문제가 생길 가능성이 매우 크다.

수면 무호흡증은 잠잘 때 숨을 제대로 쉬지 못하는 증상으로, 전체 인구의 10~15퍼센트가 경험하는 흔한 증상이다. 수면 무호흡증인 사람은 자는 동안 수차례 짧은 시간 숨이 완전히 멈춘다. 숨을 쉬지 않으면 체내 이산화탄소 농도가 높아지고, 이산화탄소를 감지한 화학물질 수용체는 뇌에 숨 쉬지 말라는 신호를 보낸다. 너무나도 영리한 우리 몸은 우리가 숨 쉬지 않는 상태를 그대로 내버려 두지 않는다. 수면 무호흡 상태일 때 사람은 잠이 들어 있으므로, 뇌는 다시 숨을 쉬는 가장 좋고 유일한 방법이 잠에서 깨는 방법뿐임을 안다. 완전히 깨우지 않아도 된다. 그저 잠시 일어나 숨을 쉴 정도면 된다. 이런 뇌의 개입이 수면의 질을 떨어뜨린다.

한 시간 내에 호흡이 멈춰 잠시 깨는 상태가 다섯 번 이상일 경우 '수면 무호흡증' 진단을 받는다. 코를 고는 사람도 호흡이 멈출 때가 있다. 코를 골게 하는 목의 구조가 상부 기도를 막아 숨이 멈추는 것이다. 과체중인 사람도 무호흡일 때가 있는데, 체중이 늘며 목에 있는 부드러운 조직의 양도 늘어나기 때문이다. 과체중도 아니고 코를 골지 않아도, 그저 기도가 막히는 구조 때문에 무호흡 증상이 오기도 한다.

수면 무호흡증이 심장에 미치는 영향은 호흡 문제와 함께 시작된다. 우리 몸은 무호흡을 큰 위협으로 받아들이기 때문에 위협과 관련 있는 모든 반응계가 무호흡을 없애려고 활동한다. 싸우거나 달아나거나 반응을 담당하는 교감신경계가 혈압을 높이고, 도움이 되지 않은 호르몬계를 활성화해 우리 몸에 높아진 혈압이 아무 문제가 없다는 신호를 보낸다. 이런 반응은 심장에 전혀 도움이 되지 않는다. 중요한 점은 무호흡은 많은 연구에서 심장에 엄청난 무리를 준다고 결론 지은 수준까지 혈압을 높인다는 것이다. 그 상태가 지속되면 동맥에 혈전이 쌓이고, 심장 근육은 크고 단단해져서 생명에 지장이 생길 만큼 심장 박동에 커다란 문제가 일어난다.

수면 무호흡증은 보통 지속성 양성 기도압Continuous Positive Airway Pressure, CPAP이라는 기계를 이용해 기도를 확장하는 방법으로 치료한다. 치료받는 동안 수면 무호흡증 환자는 얼굴이나 코에 코끼리 코처럼 보이는 마스크를 써야 한다. CPAP는 자는 동안 코, 입, 기도에 공기를 넣어 기도가 달라붙지 못하게 막는다. CPAP는 수면 무호흡증 치료에 획기적인 전환점을 마련했다. 병동을 돌다 보면 CPAP를 달고 있는 환자를 어렵지 않게 볼 수 있다. CPAP 덕분에 심장 질환과 고혈압 발병률이 낮아졌고, 세포 단계에서 혈관도 건강해지고 염증 반응도 줄어들었다.

수면 무호흡증을 치료하는 또 다른 좋은 방법은 체중을 줄이는 것이다. 체중을 줄이면 훨씬 저렴하고 간단하게 무호흡증을 치료할 수 있고, 건강상 여러 이점을 얻을 수 있다.

밀린 잠을 자면 심장에 도움이 될까?

줄곧 정신없이 일하는 나는 언젠가 한 주에 약 72시간 수술하고 환자를 돌봐야 했다. 그 주에 매일 세 시간 정도밖에 자지 못했다. 근무가 없는 날에는 정말 많이 잤다. 잠을 푹 자고 나면 기분은 훨씬 나아졌고 끔찍한 두통도 사라졌다. 그렇지만 그런 수면 패턴이 심장에도 도움이 됐을까?

연구 결과에 따르면, 우리는 잠을 저금할 수 없다. 앞으로 바쁜 날들을 보내야 한다는 사실을 안다고 해도 곧 있을 수면 부족을 위해 잠을 더 자 기력을 충전할 수는 없다. 부족한 잠을 보충하는 데 중요한 것은 규칙적으로 자는 것이다. 평일에 잠을 자지 않고, 주말에 부족한 잠을 자는 생활 습관은 오히려 심장 질환 발병 위험을 높인다. 가장 좋은 방법은 무엇일까? 규칙적으로 잘 자고 천천히 꾸준히 잠을 보충하는 것이다. 우리는 적절한 수면 패턴을 유지하기 위해 늘 주의를 기울여야 한다.

심장을 보호하는 잠

부족한 잠을 보충하는 일이 몸에 좋지 않다면, 밤에 푹 자는 것에 대해 과학은 무슨 이야기를 할까? 과학 연구 대부분은 밤에 8시간 정도는 푹 자는 것이 좋다고 한다. 십 대나 노인들은 그보다 더 자야 한다. 하지만 그보다 적게 자야 건강하게 활동할 수 있는 사람도 있다.

불면증은 다른 (신체적, 감정적, 사회적) 문제들과 상관없이 독자적으로 발병할 수 있지만, 수면 문제로 고민하고 있다면 의사를 만나 보는 것이 좋다. 우울증과 불안, 폐와 심장의 문제(정말로 두 문제는 서로에게 영향을 미친다), 당뇨병은 당신을 밤새 자지 못하고 깨어 있게 만들 수 있으니 조심해야 한다. 관절염도 자는 동안 여러 번 잠에서 깨게 만들 수도 있다.

필요한 시간만큼 잠을 자려면 '수면 위생'의 도움을 받아야 한다. 위생이라는 단어 때문에 잠자는 환경을 청결하게 하라는 뜻으로 오해할 수 있지만, 실제 의미는 '깔끔하게 푹' 잘 수 있는 환경을 만들라는 것이다. 수면의 질을 개선하는 방법은 다양하지만, 제대로 자지 못하는 사람이라면 수면 위생은 특히 중요하다.

규칙적으로 자면 우리 몸은 휴식한 기분을 느끼고, 매일 비슷한 시간에 깨면 우리 몸의 생체 시계(일주기 리듬)도 제대로 작동한다. 나처럼 잠을 자려고 애쓰면서 천장을 쳐다보는 사람이라면, 그냥 일어나 마음이 조금 편안해지는 일을 하는 게 좋다. 누워서 잠을 자려고 애쓰는 시간이 20분이 넘어가면 잠들 가능성은 크지 않다는 연구 결과도 있다. 침대에서 뒤척이며 잠들지 못하는 상황을 피하려면 실제로 졸릴 때 눕는 것이 좋다.

침실 환경도 중요하다. 어두운 정도, 소음, 기온은 수면에 영향을 미친다. 주변이 어두워야 천연 수면 호르몬인 멜라토닌이 분비된다. 생체 시계가 제 기능을 하려면 침실은 어두워야 한다. 컴퓨터나 스마트폰처럼 블루라이트를 발산하는 기기에 집착하는 습관도 숙면을 방해한다. 블루라이트는 생체 시계를 교란해 뇌를 각성시킨다.

운동도 수면 위생에 중요한 역할을 한다. 운동은 최소한 잠자기 네 시간 전에 하는 게 좋지만, 언제나 가능한 일은 아니다. 어떤 형태든 어떤 시간에 하든 운동은 우리 몸의 신진대사 과정이 정상적으로 일어나게 한다. 세포 단계일지라도 모든 것이 제대로 작동하면 잘 잘 수 있다.

지금까지 살펴본 숙면의 모든 요인을 실천할 수 있다면 좋겠지만, 나처럼 오랜 시간 깨어 있어야 하는 사람은 어떻게 해야 할까? 교대 근무를 서거나 이제 막 부모가 된 사람들은? 이런 상황에서는 제대로 자는 것이 너무나 힘들다. 이런 문제들은 공중 보건 문제로 다루어야 한다. 미국 육군은 잠을 병사들의 실행 능력을 기르고 심신을 건강하게 유지하는 '비밀 무기'로 규정하고, 이 문제를 수월하게 풀어나가고 있다. 병사들은 적절한 장소에서 적절한 시간 잠을 자면 더 뛰어난 업무 능력을 보인다. 교대 근무를 하는 직장인은 충분히 휴식하고, 이제 막 아기를 낳은 사람들은 조용히 쉬는 시간을 늘리는 것이 문화와 직장, 집에 반드시 도입해야 할 일이다. 잠은 너무나 중요하다.

힘든 하루를 보낸 뒤에 충분히 쉴 수 있는 작업 환경을 만들고 강화하는 일은 회사뿐 아니라 모두의 건강에 유익하다. 당신의 회사는 어떤 정책을 펴고 있는가? 업무 시간이 아니면 이메일을 보내지 않고, 정말로 중요한 일이 아니면 퇴근 시간을 정확히 지키고 있는가? 우리 모두의 심장이 행복해지고 건강해지려면, 사회의 모든 구성원이 중요한 역할을 해야 한다.

직원 복지는 서로를 돌보는 것이 좋으므로 해야 하는, 직장에서 이룰 수 있다면 그저 좋은 목표가 아니다. 내 말을 오해하면 안 된다. 직원 복지는 충분히 보장되어야 한다. 푹 쉬어 행복하고 건강한 직원들은 병가를 적게 내고 생산성이 높아져 결국 조직은 더 효율적이고 더 많은 수익을 낼 수 있다.

11장

유전자는 운명이 아니다

상처받은 몸은 치유되지만,
심장에 생긴 상처는 죽을 때까지 남는다.

유전학자, 분자공학자
조지 M. 처치

"그 유전자를 가진 것 같아요." 조지는 자신의 상태를 설명했다. 55세의 조지는 그날 아침에 심각한 심장마비를 경험했다. 정말로 상태가 나빴기 때문에 나와 심장 수술 이야기를 한다는 건 어떻게 보면 정말 운이 좋았다고 할 수 있다. 유전자를 가지고 있다는 말이 무슨 뜻인지 묻자, 그는 관상동맥 우회 수술을 받은 세 명의 형 이야기를 줄줄 늘어놓았다. 두 형은 관상동맥 우회 수술을 세 번 받았고, 또 다른 형은 다섯 번 받았다.

우리가 이야기하는 동안 조지의 형이 차례대로 나타났고, 세 사람 모두 이렇게 될 줄 알았다며 호통을 쳤다. 또 빨리 담배를 끊으라고 하지 않았느냐며 야단을 쳤다. "형님들이 모두 심장 수술을 했는데도 담배를 끊지 못했다고요?" 내 말에 조지는 조금 겸연쩍어하면서 담배를 끊으려고 여러 번 시도했지만 끊을 수 없었다고 했다. 형들에게 충분히 혼이 났으니 내가 더 꾸짖을 필요가 없을 것 같아 아무 말도 하지 않았다.

조지의 말은 일부만 옳다. 세 형(과 아버지) 모두에게 이른 나이에 심장마비가 왔으니 그의 유전자는 건강한 심장을 갖는 것에 호의적이지 않을 수 있다. 흔히 그 누구도 부모를 선택할 수는 없다고 하는데, 그 말은 어쩌면 우리가 갖지 못한 유전 물질을 언급한 것인지 모른다. 나는 어머니에게서 근시를, 아버지에게서 고혈압을 물려받았다. 두 분 모두 나에게 뛰어난 지능을 주셨다고 주장하지만 그건 내가 공부를 열심히 했기 때문이라고 답하고 싶다.

가족력을 보이는 질병은 많고, 언론은 '가족에게 유전되는' 질병에 관해 잘 알고 있어야 한다고 부추긴다. 가족력은 우리가 직면할 수도 있는 상황을 알려준다. 가슴에서 멍울을 발견한 여자가 어머니가 유방암이었다고 말하면, 우리는 먼저 유방암의 가능성을 살펴본다. 고혈압과 심장 질환이 가족력임을 알고 있는 나는 몸이 나빠지면 일단 고혈압과 심장 질환이 있는지 살펴볼 것이다.

심장 질환이 있는 가족이 있다는 사실은 의사들에게는 붉은 깃발과 같다. 어머니나 아버지가 심장마비나 심장 질환으로 돌아가셨다는 말을 들으면 의사들은 자동적으로 환자에게 심장 관련 문제가 있다고 생각한다. 환자의 나이가 젊다면 특히 그렇다. 가족력이 나타나는 이유는 부모에게 받은 유전자 때문일 수 있다. 하지만 가족은 비슷한 음식을 먹고 비슷한 활동을 하므로, 가족력은 처한 환경이 비슷해서 생긴 결과일 수도 있다. 연구 결과에 따르면, 최악의 유전자를 가지고 있어도 건강한 생활 습관을 가진 사람은 심장에 문제가 생길 가능성이 절반 이하로 낮아진다.

유전자란 무엇인가?

한 걸음 물러나 유전자에 대해 말해보자. 언론에서는 유전자가 특정 질병의 원인이라거나 유전자를 이용하면 특정 질병을 치료할 수 있다고 자주 보도한다. 부모에게서 유전자를 물려받는 것은 누구나 아는 상식이고, 디옥시리보핵산Deoxyribonucleic Acid, DNA과 관련 있음을 아는 사람도 있다. 그렇다면 유전자는 정확히 어떤 물질이고, 도대체 어떤 식으로 질병을 일으킬까?

DNA는 생명을 만드는 가장 기본적인 건축 자재다. DNA는 언제나 두 개씩 짝을 이루어 함께 다니는 네 가지 형태의 뉴클레오티드로 이루어져 있다. 뉴클레오티드 쌍은 자체적으로 순서대로 배열되어 우리 세포가 어떤 세포로 성장해야 하는지, 어떤 물질을 생산해야 하는지를 지정하는 암호를 형성한다. 유전자란 몸에서 일어나는 특별한 과정이나 몸을 이루는 특별한 구조물을 지정하는 일련의 암호가 위치한 DNA의 특정 지역을 가리키는 용어다.

유전자는 두 개의 사본을 가지고 있는데, 두 사본은 서로 다르다. 우리는 태어나기 전에 부모님께 각각 유전자를 하나씩 물려받는데, 이 유전자들이 반드시 같지는 않다. 그 이유는 질병을 일으키는 희귀한 열성 유전자가 많은 사람에게 복제되어 들어가지 못하게 막으려는 자연의 보험 정책이라고 볼 수 있다.

이런 작은 차이는 오랫동안 유전자를 서로 맞바꾸기 때문에 일어나는 돌연변이다. 이런 차는 유전 암호가 자발적으로 바뀌면서 생길 수 있다. 우리가 공유하는 특징 가운데 많은 것이 자연선택의 결과고, 생존에 가장 유용한 유전자를 가진 사람들은 소위 '좋은 유전자'를 오랜 세월에 걸쳐 물려받은 사람들이다.

유전자는 우리를 지정한다. 유전자는 우리가 만들어진 순간부터 평생 우리를 만들 설계도로 작동한다. 유전자 스위치는 필요할 때는 켜지고, 필요 없을 때는 꺼진다. 우리가 성장할 때 팔과 다리를 만들고, 햇빛 아래 활동할 때는 피부가 만들어야 하는 멜라닌 색소의 양을 정한다. 몸에서 일어나는 모든 일의 중심에는 유전자가 있다.

유전자와 질병

유전자가 질병을 유발하는 직접적 원인일 때가 있다. 가령 평소라면 두 개의 콩팥을 만드는 유전자 암호에 문제가 생겨, 콩팥이 한 개만 만들어질 수 있다. 우리가 환경 요인의 위협에 취약해지게 함으로써 유전자가 병을 일으키는 경우도 있다. 고혈압 상태인데도 유전자가 괜찮다는 신호를 보내면 우리 몸은 혈압을 낮추려고 하지 않는다.

유전학은 아주 복잡하고, 밝혀지지 않은 부분이 많은 학문이다. 인간 유전자의 총체(우리 몸이 가진 전체 DNA 암호)를 밝힌다는 목표로 시작한 인간 게놈 프로젝트The Human Genome Project는 출범 후 15년이 흐른 2003년에 인간 게놈의 염기서열을 약 99퍼센트 밝혔다. 99퍼센트의 염기서열이 인간 유전자의 비밀을 밝힐 미래 연구를 위한 초석이 될 것이다.

염기서열의 순서를 밝혔다고 해도 어떤 염기서열이 특정 병을 유발하고 예방하는지를 밝히는 일은 또 다른 어려운 과제다. 동물의 DNA를 변경하는 방법을 비롯해 전 세계 과학자들은 다양한 기술을 이용해 유전자가 하는 일을 밝히고 있다. 수년에 달하는 장기 연구를 통해 우리는 특별한 유전자들에 표지를 달 수 있고, 특정 유전자를 발견하면 그 유전자가 하는 일도 정확하게 알아낼 수 있다.

이야기는 믿을 수 없을 정도로 복잡하게 전개될 수 있다. 그 이유는 첫째, 심장 질환을 유발하는 유전자를 보유한다고 해도 보유자 모두 심장 질환이 발병하는 것은 아니기 때문이다. 유전자가 있다고 해도 그 유전자를 작동시키는 스위치가 켜지지 않을 때도 있고, **우성** 유전자라는 강력한 유전자의 활동으로 질병을 일으키는 열성 유전자가 활동하지 않을 수도 있다. **열성** 유전자는 포괄적으로 연구되었는데, 이런 열성 유전자들은 주로 희귀병과 관계있다.

질병을 유발하는 유전자를 찾기 힘든 두 번째 이유는 (심장 질환을 비롯한) 질병을 일으키는 유전자는 한 개가 아니라 여러 개가 한꺼번에 관여할 수 있고, 그중 발견하지 못한 유전자가 있기 때문이다. 질병이 발병하려면 수많은 유전자가 한꺼번에 스위치를 켜야 한다. 더구나 심장 질환을 일으키는 유전 경로가 심장에 직접 영향을 주지 않을 수도 있다. 그보다 우리 몸이 콜레스테롤을 조절하는 방식이나 몸무게를 늘리는 식으로 영향을 미치는 것이다.

반드시 명심해야 할 세 번째 이유는 유전자를 보유했다는 것이 곧 해당 질병의 발병으로 이어지지는 않는다는 것이다. 섭취한 영양소, 교육, 흡연 여부 같은 환경 요인도 유전자의 스위치를 켜거나 끌 수 있다. 환경은 유전적으로 질병에 걸릴 가능성 유무에 상관없이 질병을 유발할 수 있다. 앞서 살펴본 것처럼 심장 질환도 환경의 영향을 받는다.

나는 이렇게 생각한다. 우리는 부모에게 어떤 유전자를 받았는지 알 수 없다. 따라서 최악을 생각하고 자기 자신을 돌보는 것이 좋다. 우리는 '나쁜 유전자'를 계속 꺼진 상태로 둘 수 있다. 그게 무엇인지 정확히 알 수는 없지만.

관상동맥 질환과 유전

관상동맥 질환을 다루기 어려운 이유는 애초에 관상동맥이 막히는 이유가 너무 많다는 데 있다. 관상동맥이 막히는 과정은 흡연, 고혈압, 높은 콜레스테롤 수치 등 온갖 종류의 환경 요인이 공격해오는 다중 충돌 과정이라고 생각하면 된다. 유전자는 몸에서 일어나는 모든 공격에 저항할 것인지, 저항하지 않을 것인지를 결정한다. 심장 질환을 유발하는 위험 요인과 관련된 유전 요인은 아주 많다.

엄청난 복잡성도 심장 질환과 유전의 관계를 알아보려는 사람들을 막을 수는 없다. 2007년부터 지금까지 연구진은 심장 질환과 관계가 있는 유전자 구역 50곳을 찾았다. 100곳까지 찾은 연구도 있다. 지속적으로 발견되는 위험 요소에서 연구진이 발견한 것은 '관상동맥 질환에 잘 걸리는' 유전자가 많을수록 관상동맥 질환에 걸릴 가능성은 더 크다는 것이다.

유전자가 심장 질환에 관여한다는 단서는 수년 동안 진행한 역학 조사에 근거한다. 수많은 심장 질환 환자를 조사하고 환자의 가족을 살펴본 과학자들은 유전자가 어느 정도까지 우리 몸을 배신하는지를 연구했고, 심장 질환 민감성이 유전될 확률을 40~60퍼센트라고 추정했다. 인터하트INTERHEART라고 이름 붙인 대규모 연구에서 과학자들은 가족에게 심장 질환이 있는 사람은 그렇지 않은 사람에 비해 심장 질환 발병 가능성이 1.5배 정도 높다는 결론을 내렸다.

사람들은 심장 질환을 유발하는 유전자를 사냥하러 나섰고, 많은 유전자를 발견했다. 과학자들은 심장 질환을 앓는 수많은 사람을 살펴보고 DNA 표본을 채취해 용의 유전자를 구성하는 유전 암호를 찾아 나섰다. 단 한 개의 유전자 때문에 생기는 질병은 희소하기에, 과학자들은 심장 질환과 관계가 있는 유전자도 다량 찾아냈다.

많은 사람이 다양한 질병을 유발하는 유전자를 가지고 있다. 실제로 심장마비나 협심증을 유발하는 유전자 변이 가운데 절반이 전체 인구의 절반에서 발견된다. 인류의 절반은 심장 질환이 발병할 심각한 유전적 요인을 가지고 있다는 뜻이다.

이런 유전자들이 그 자체로 질병을 유발하는 발전소 역할을 하지는 않는다. 평균적으로 그런 유전자들이 심장 질환 발병률을 높이는 정도는 12퍼센트에 불과하다. 고작 2퍼센트를 높이는 유전자도 있고, 90퍼센트까지 높이는 유전자도 있다. 심장 질환과 관계있다고 여겨지는 유전자는 많은 경우 다른 유전자를 조절한다. 이런 유전자들은 다른 유전자의 스위치를 켜거나 끈다. 영향력 있는 한 유전자가 세포에 지시를 내려 한 가지 물질을 아주 많이 만들거나 아주 조금 만들게 한다. 콜레스테롤을 일반 사람들보다 많이 생성하는 몸에서 그런 일이 일어난다.

심장 질환을 유발하는 문제는 많다. 유전학은 이 문제들과 놀라울 정도로 밀접한 관계를 맺고 있다. 심장 질환에 관여하는 것으로 알려진 50개 유전자 가운데 35개가 콜레스테롤, 혈압, 당뇨, 관상동맥을 자극하는 일부 면역계를 관리하는 등 심장 질환을 일으키는 위험 요소에 영향을 미쳤다. 혈관 벽에 직접 영향을 미쳐 죽종이나 혈전이 생기도록 혈관 벽을 조금 변형하는 유전자도 있다.

비정상적인 유전자라고 해서 위험 정도가 모두 같은 것은 아니다. '9P21' 유전자는 특히 문제가 많다(9P21 유전자의 이름은 유전자의 위치를 기반에 두고 지었다. 위치와 상관없이 더 멋진 이름이 붙은 유전자도 있다). 9P21 유전자에 문제가 생기면 혈관이 약해지거나 손상되어 혈전이 쌓인다. 9P21 유전자의 이상 정도가 클수록 더욱 심각한 심장 질환이 생긴다.

혈액형과 관계가 있는 재미있는 유전자 결합도 있다. 혈액형(A형, B형, AB형, O형)을 결정하는 유전자 서열 가운데 일부는 혈액의 점성에도 영향을 미친다. 혈액의 점성이 강한 경우(다시 말해 혈전이 생성될 가능성이 큰 경우) 동맥에 혈전이 형성되면 심장 근육에 공급해야 하는 혈액이 막혀 심장마비가 올 수 있다.

한 연구 결과에 따르면, A형 혈액과 B형 혈액은 폰 빌레브란트 인자von Willebrand factor라고 하는 분자와 결합하는 작은 단백질을 만든다. 혈액 응고에 중요한 역할을 하는 폰 빌레브란트 인자는 제 할 일을 끝내면 보통 사라진다. 하지만 A형과 B형 혈액은 폰 빌레브란트 인자가 할 일을 끝낸 뒤에도 혈관에 필요 이상 오래 남아 혈액이 끈적끈적해지고 혈전이 생기기 쉽게 한다. 이 연구 결과는 혈액형이 심장 질환에 조금은 영향을 미칠 수도 있다는 뜻이지, 혈액형이 심장마비 발병 정도를 결정한다는 의미는 아니다.

'이상한 관계'라고 규정할 수 있는 연구도 있다. 키가 작은 사람과 심장 질환의 관계를 연구한 것이다. 유럽 혈통 20만 명을 대상으로 진행한 연구의 결론은 작은 키를 지정하는 유전자를 가진 사람이 관상동맥 질환에 걸릴 가능성이 더 크다는 것이다. 이상하게 들리겠지만 과학자들은 키를 지정하는 유전자가 혈중 콜레스테롤과 트리글리세라이드의 수치에 관여한다는 것을 발견했다. 키를 작게 만드는 유전자는 콜레스테롤 수치를 높인다.

의심의 여지 없이 더 발전할 유전 연구 과제는 콜레스테롤 수치를 낮추는 스타틴계 약품과 관계가 있다. 건강을 악화할 유전자를 많이 가진 사람들에게 스타틴 치료는 효과가 좋은 것으로 알려졌다. 콜레스테롤 수치를 낮추면 심장 질환 발병률은 절반까지 낮아진다. 질병과 관계가 있는 유전자를 발견한다는 것은 어떤 사람을 어떤 약으로 치료해야 하는지를 알 수 있다는 의미일 수 있다.

가족성 고콜레스테롤혈증familial hypercholesterolemia은 심장 질환 발병률을 높이는 아주 중요하고 흔한 질병이다. 가족성 고콜레스테롤혈증인 사람은 나쁜 콜레스테롤 수치가 엄청나게 높아서 다른 사람들보다 동맥이 막힐 가능성이 크고, 20세가 되기 전에 심장 질환이 발병하거나 심장마비가 오기도 한다. 나쁜 콜레스테롤이 혈관에서 빠져나가려면 수용체와 결합해야 하는데, 이 질병에 가족력이 있는 사람들은 나쁜 콜레스테롤이 수용체와 결합하는 것을 막는 세 가지 유전자 가운데 하나를 물려받는다. 콜레스테롤은 혈관에서 빠져나가지 못하고 혈액 속에 떠다니다 혈관을 손상시킨다.

우리 몸에는 우리를 해치는 유전자만 있을까? 절대 그렇지 않다. 실제로 유전자는 몸이 운동에 반응하는 방식에 영향을 미친다. 유전자 변이 덕분에 어떤 사람들은 조금만 운동해도 다른 사람들보다 지방이 빨리 소비된다. 이런 체질을 가진 사람은 심장 질환에 걸릴 가능성이 작다.

유전자의 위험 정도를 예측하는 방법을 이용하면 심장 질환 발병 가능성을 예측하고, 사전에 필요한 조처를 할 수 있다. 즉 나이, 성별, 혈압, 콜레스테롤 수치, 가족력을 함께 평가하면 10년 내 심장 질환 발병 가능성이 어느 정도인지 추정할 수 있다.

유전자 검사에는 장점도 있지만 단점도 있다. 일단 유전자 검사 비용은 상당히 비싸다. 환자와 가족이 유전자 검사 비용을 부담해야 하는 나라에서는 유전자 검사를 할 수 있는 사람이 많지 않다. 적절한 검사를 받지 않으면 유전자 표적 치료는 할 수 없을지도 모른다.

또 다른 단점은 보험과 관련이 있다. 보험 회사에서 보험 가입자의 유전자 설계도를 살펴보고, 발병 가능성이 있는 질병을 파악해 보장 범위를 제한할 수 있다. 생명 보험도 마찬가지다. 유전자 검사는 차별적이고 비윤리적인 보험 정책의 시행 근거가 될 수 있다.

전반적으로 심장 질환을 일으키는 유전자는 아주 복잡하고, 더 많은 정보를 얻기 위해 연구진들이 계속 노력하고 있다. 그 노력이 표적 약물과 조기 진단 검사를 개발하는 성과로 이어질지는 두고 봐야 한다. 기억해야 할 가장 중요한 사안은 유전자가 질병에 관여하는 비율은 50퍼센트뿐이라는 것이다. 나머지 책임은 우리 각자가 져야 한다.

유전자가 관여하는 심장 질환

발병 유전자들이 발견된 첫 번째 심장 질환은 가족성 비대심장근육병증familial hypertrophic cardiomyopathy이다. 가족성 비대심장근육병증은 심전도 장애와 관련이 있는 여러 장애를 일으켜 갑자기 심장마비가 오게 한다. 이런 질병은 여러 유전자가 관여하는 관상동맥 질환과 달리 특정한 단일 유전자가 관여한다.

한 환자는 심장이 극도로 아픈 이유가 유전자 때문이라는 것을 알았다. 40대 초반의 그는 아주 건전한 삶을 살았다. 하지만 선택의 여지가 없었다. 그에게는 확장성 심장근육병증dilated cardiomyopathy으로 고생하는 가족이 많아도 너무 많았다. 우리는 병실에 앉아 인공심장을 삽입하는 문제를 상의했다. 그 환자는 심장이식을 받기 위해 대기 중이었지만 마냥 기다리기에는 상태가 너무 나빴다. 환자에게는 형이 있었다. 형의 가슴에는 수술 자국이 선명했는데, 동생과 같은 이유로 4년 전에 심장이식을 받았기 때문이었다. 두 사람의 아버지는 30대 후반에 갑자기 세상을 떠났다. 그 누구도 원하지 않았지만 확장성 심장근육병증은 가족의 유산이었다.

확장성 심장근육병증은 심장 근육이 늘어나 심장이 자루처럼 축 늘어지는 질병이다. 이 질병에 걸린 사람은 심장이 펌프질을 제대로 하지 못하기 때문에 더 심각한 심장 질환이 올 수 있다. 이 심장 질환에 관여하는 유전자의 약 3분의 1이 심장 질환을 유발하는 기형 세포를 만든다. 유전이 확장성 심장근육병증을 만드는 유일한 원인은 아니지만, 이 질병을 앓는 사람을 조사했을 때 유전자 이상이 있는 경우가 대부분이다.

이 질환이 유전과 관계있는지를 살펴봐야 하는 한 가지 이유는 가족 가운데 위험한 사람을 미리 발견할 수 있기 때문이다. 유전자에 이상이 있는 사람을 세심하게 살펴 미리 치료하는 것은 중요하다. 확장성 심장근육병증의 유전학이 중요한 또 다른 이유는 이 유전자가 아주 강하다는 데 있다. 이 질병을 유발하는 유전자는 대부분 우성이므로, 유전자 사본이 한 개만 있어도 발병할 수 있다.

심장 근육에 흔히 발병하는 또 다른 질병으로는 비후성 심장근육병증Hypertrophic cardiomyopathy이 있는데, 이 질병은 심장 근육이 자루처럼 늘어지지 않고 보디빌더의 이두박근처럼 부풀어 오른다. 심장이 너무 커지면 혈관이 막히기 때문에 혈액이 심장 밖으로 나가지 못한다. 관상동맥이 엄청나게 늘어난 근육을 따라잡으려고 고군분투하는 동안, 심장은 여러 차례 은밀하고 경미한 심장마비를 일으킬 수 있다.

비후성 심장근육병증의 심각한 특징 가운데 하나는 심장 박동의 패턴을 위험하게 변화시켜 심장이 갑자기 멈춘다는 것이다. 이 질병은 젊은 운동선수의 돌연사 원인이기도 해서 전 세계 많은 운동종목에서 시합에 참여하는 모든 선수를 대상으로 비후성 심장근육병증 검사한다.

비후성 심장근육병증을 앓는 사람 가운데 심장 근육세포를 비정상적으로 만드는 유전자를 보유한 사람은 60~70퍼센트 정도다. 이 질병을 지정하는 유전자는 대략 열다섯 개다. 가족에게 그 유전자가 있는지 살펴보는 일 역시 중요하다.

소아 심장외과의로 근무하는 동안 나는 긴큐티증후군long QT syndrome으로 고생하는 환자를 자주 봤는데, 그중 한 아이를 잊을 수가 없다. 열 살이었던 아이는 점심시간에 학교 운동장에서 놀다가 쓰러졌다. 기민한 선생님이 아이에게 심폐 소생술을 했다. 구급차가 도착해 구급대원이 아이의 작은 몸에 심전도 기계를 연결했을 때, 아이의 심장은 극도로 위험한 심실세동 상태였다. 심장이 뛰기보다는 그저 파르르 떨고 있는 상태였다. 구급대원은 심방세동기로 아이에게 전기 충격을 가해 심장이 뛰게 하려고 했지만, 아무 소용 없었다. 병원에 도착한 아이에게 여러 의사가 달려들어 인공 심폐기를 연결하고 심장이 뛰게 하려고 애썼다.

심장 근육은 이온이 세포의 안과 밖으로 이동하는 자체 전기계를 이용해 수축한다. 전하(전기)를 띤 이온이 이동하면 전류가 흘러 근육이 수축한다. 운이 나쁜 사람이 전기가 흐르는 담장을 만지면 팔 근육이 수축한다. 긴큐티증후군인 사람은 이온이 드나드는 작은 통로에 이상이 생겨 심장의 전기 활동이 크게 어긋날 수 있다.

다른 가족에게 긴큐티증후군을 유도하는 유전자가 있는지를 미리 검사해보면 발병하기 전에 미리 대처할 수 있다. 열 살 환자의 동생에게도 유전적 소인이 있었다. 심장 박동이 위험할 정도로 불규칙하게 뛰면 즉시 충격을 가해 목숨을 구할 수 있도록, 삽입형 제세동기를 두 형제의 몸에 설치했다.

유전자의 영향을 받은 심장 질환이 특히 심각한 이유는 피하기가 어렵다는 데 있다. 그러나 유전학 연구 덕분에 우리는 유전자가 만들어내는 물질을 조절하고 연마하는 약을 만들 능력이 있다. 가족성 고콜레스테롤혈증의 경우, 결함이 생긴 단백질을 표적으로 하는 약품을 개발한 것이 그 사례다. 다른 질병의 경우에는 적절한 약을 개발하지 못했지만 앞으로 개발할 수 있을 것이다. 질병을 유발하는 유전자와 유전 경로를 밝히는 일은 성배를 찾는 일과 같다.

양육

부모님께 감사할 일은 유전자를 주었다는 사실만이 아니다. 프로그래밍이라고 부르는 태아 형성 과정에서 어머니는 태아에게 영향을 미치는 중요한 요인으로 작용한다. 프로그래밍 가설은 태아기에 접한 요인이 몸에 정착해 평생 영향을 미친다는 생각을 기본 근거로 한다. 지난 몇 십 년 동안 수많은 과학자가 태어나기 전에 일어난 일이 어떤 식으로 심장 질환을 비롯한 성인기의 여러 문제에 영향을 미치는지를 연구했다.

이 연구들은 체중 미달로 태어난 아기들이 몸무게가 더 나가는 아기들보다 심장 질환 발병률이 더 높다는 수년 전의 발견을 토대로 시작되었다. 그때 과학자들의 궁금증을 자극한 질문은 '태어나기 전에 일어나는 일은 태어난 뒤에 발병하는 질병에 어떤 영향을 미칠까?'였다.

임신 중 산모의 콜레스테롤 수치가 높으면 자녀는 유아기와 성인기에 그 영향을 받는다. 어머니의 콜레스테롤 수치가 높은 아이는 그렇지 않은 어머니의 아이보다 이른 나이에 혈전이 생성될 가능성이 크다. 콜레스테롤은 아주 큰 분자이므로 태반을 통과해 태아에게 전달되지 않는다. 하지만 염증 생성을 비롯해 콜레스테롤이 어머니의 몸에서 일으키는 연쇄 반응을 통해 태아에게 영향을 미칠 수 있다.

흡연하는 산모의 아기는 정상적으로 성장하지 않는 등 여러 문제가 생길 수 있다. 흡연은 제대 혈관과 태아의 뇌혈관 혈압을 높이고, 대동맥 내부의 혈액 흐름을 저하한다. 성장하는 태아에게는 영양분을 충분히 공급해야 하는데, 대동맥 혈압이 높으면 아기에게 필요한 영양분을 운반하기 어렵다. 이 아기들은 성장하는 동안 경동맥이 다른 아이들보다 두꺼워지는데, 이 또한 심장 질환과 밀접하게 관련이 있다.

산모의 체중이 크게 늘거나 당뇨인 경우에도 태아에게 영향을 미칠 수 있다. 이런 산모의 아기들은 정상 체중 아기보다 크게 태어난다. 몸무게가 많이 나가는 아기들은 혈중 지질(지방) 수치가 비정상적으로 높아서 평생 지속될 혈관 손상이 일어날 수도 있다. 과체중인 산모와 태아는 임신 중에 합병증이 올 가능성이 큰데, 심하면 태아와 산모 모두 위험해진다. 과체중인 아기는 고혈압으로 태어난 뒤 심장에 문제가 생길 정도로 오랫동안 그 상태를 유지할 수 있다.

유전이 그렇듯이, 산모가 흡연하거나 콜레스테롤 수치가 높다고 해서 반드시 아기에게 질병이 생기는 것은 아니다. 더구나 한 사람의 생애에 일어나는 모든 일을 임신 중에 일어난 일 때문이라고 탓하는 것은 공정하지 않다. 심장마비를 일으키는 관상동맥 질환을 만드는 단계는 수년에 걸쳐 점진적으로 진행된다. 관상동맥에 직접적으로 영향을 미치는 흡연처럼 우리가 바꿀 수 있는 요인도 있지만, 훨씬 복잡하고 미묘한 요인도 있다. 지금 우리가 할 수 있는 일은 산모가 자신과 태아에게, 그리고 태아의 남은 생에 도움이 되도록 가능한 건강한 상태를 유지하게 하는 것이다.

유전자와 싸울 수 있을까?

우리는 어깨를 으쓱하며 원래 그렇다고, 유전자에 새겨져 있다고 말하기를 좋아한다. 그것이 지독한 음악 취향이든 심장 질환 같은 심각한 질병이든, 대자연이 질병을 점지했다면 그에 맞서 싸우기 힘들 거라고 쉽게 체념한다. 앞서 이야기한 조지처럼 유전자에 대항해서 싸울 수 없다고 단념한다. 유전자가 문제라면 상황을 바꿀 방법은 전혀 없다고 믿는 것이다. 정말 그럴까?

1948년에 프레이밍햄 심장 연구라는 과감한 연구 프로젝트가 시작되었다. 프로젝트는 매사추세츠주 프레이밍햄 주민 5209명을 대상으로 진행되었다. 과학자들은 오랫동안 주민들을 관찰하고 심장 질환이 발병하는 사람과 그렇지 않은 사람들에게 일어난 일, 사람들이 하는 일을 비교 분석했다. 이 연구에서 중요한 정보가 많이 발견되었고, 심장 질환을 물리치는 데 결정적인 단서가 될 연구 결과를 얻을 수 있었다.

프레이밍햄 프로젝트를 진행한 과학자들은 그 정도에서 멈추지 않았다. 가족 요인과 유전 요인이 심장 질환에 미치는 영향을 연구하려고 그다음 두 세대에 걸쳐 지원자들을 모집했는데, 실험에 참여한 사람들 가운데 상당수가 첫 번째 실험 집단과 혈연관계였다. 과학자들은 실험에 참여한 사람들에게 일어난 일을 관찰했을 뿐 아니라 수천 명에 달하는 참가자들의 DNA 표본도 수집했다.

프레이밍햄 연구의 결론은 유전자 결정론이나 유전자에 항복해야 한다는 관점을 뒷받침하지 않는다. 유전자가 운명을 결정한다는 주장에 힘을 싣지 않은 것이다. 유전자는 우리가 누구고, 어떤 사람이 될 것인지를 일부 결정하지만, 심장 질환에 관한 역학 연구들은 유전자와 환경이 복잡하게 상호작용하고 있음을 분명하게 보여준다. 우리가 우리 몸에게, 또는 우리 몸을 위해 하는 일이 심장 질환의 발병 여부를 결정할 것이다.

2016년에 발표한 또 다른 중요 연구 결과도 유전자가 운명을 결정한다는 생각에 경종을 울렸다. 이 연구를 진행한 과학자들은 프레이밍햄 연구처럼 수많은 사람의 DNA 표본을 모으고 오랫동안 임상 자료를 수집하고 생활 방식을 추적 조사했다. 이 연구에서는 심장 질환과 관련 있다고 알려진 50개 유전자도 함께 검사했고, 그 결과를 유전자가 심장 질환을 유발할 가능성을 계산하는 방정식에 적용했다.

과학자들은 두 가지 다른 요인에 주목했다. 과학자들은 먼저 심장 질환에 관여한다고 알려진 유전자가 있는 사람에게서 심장 질환이 발병했는지, 그들에게 심장마비가 오면 심장 수술을 받거나 스텐트를 주입할 정도로 심각한 상태인지, 심장 질환으로 사망했는지를 살펴보았다. 이 모든 요인을 가장 중요한 생활 습관(흡연, 비만, 육체 활동, 식습관, 특히 생선과 채소 섭취량)과 비교했다.

결과는 놀라웠다. 이 연구는 심장 질환을 유발하는 수많은 유전자가 있어도 건강한 생활 습관을 택하면 심장 질환 발병률이 절반 가까이 줄어든다는 획기적인 사실을 발견했다. 최악의 유전자 때문에 심장 질환 발병 가능성이 아주 큰 사람들도 생활 습관이 건강하면 발병률은 절반까지 낮아졌다. 심장 질환 고위험군에서 자신을 돌보지 않은 사람들 가운데 10년 뒤에 심장마비가 온 사람의 비율은 10퍼센트였다. 고위험군이지만 심장을 잘 돌본 사람은 5퍼센트만이 심장마비가 왔다. 건강한 행동을 할수록 발병 가능성이 줄어든다는 사실을 확인한 발견이었다.

가족성 고콜레스테롤혈증 같은 지독한 질병을 예방하는 데 생활 습관이 방어막이 된다는 강력한 증거는 없다. 이미 고위험군인 환자에게 흡연, 당뇨, 비만 같은 위험 요소가 추가되면 심장 질환 발병 위험도는 현저하게 증가한다. 우리가 위험 요소를 모두 피했을 때 생길 수 있는 일을 살펴본 자료가 결정적이지는 않지만, 생활 습관을 관리하는 것이 건강에 중요하다는 것을 부정할 수는 없다.

반드시 유전자의 노예가 되어야 하는 것은 아니다. 관상동맥 질환과 같은 질병은 유전자와 환경이 복잡하게 상호작용한다. 이런 상황은 선물이다. 유전자가 정해놓은 운명을 의지로 바꿀 수 있다는 점에서 말이다. 인류의 절반이 그렇듯이 당신에게 심장 질환을 유발하는 유전자가 있거나 가족력이 있다면, 과학은 당신이 노력해볼 가치가 충분하다고 강조하고 있다. 그러니 몸을 특별하게 보살펴야 한다.

3부

하나뿐인 심장을 지키기 위하여

12장

당신의 심장에 관해 말하는 법

책 없이 의학을 공부하는 사람은 미지의 바다를 항해하는 것이지만,
환자 없이 의학을 공부하는 사람은 절대로 바다에 나가지 않는 것이다.

내과 의사
윌리엄 오슬러

문진問診은 타인이 자기 이야기를 하도록 격려하는 기술과 유사하다. 문진하는 동안 의사는 대부분 듣기만 하는데, 듣는 동안 답이 나온다. 문진하는 의사는 환자들을 부드럽게 이끌어 복잡한 이야기를 하게 함으로써 다음에 해야 할 일을 함께 알아내기도 한다. 의대에 진학하면 초기에 환자의 말을 듣고 이야기를 이끌어내는 기술을 배운다. 문진에 재능이 있는 의사의 최고 이점은 자세히 듣기만 하면 의사가 진단을 내릴 수 있도록 환자가 이끌어준다는 것이다. 문진은 의료진이 수년 동안 갈고 닦아야 하는 기술이다.

나는 수련의 시절에 응급실에서 근무했다. 의사는 응급실에 온 사람을 제일 처음 만난다. 환자를 진단할 검사 자료가 하나도 없으

므로 응급실에서는 환자의 이야기를 듣는 것이 가장 중요하다. 응급실에 들어온 환자에게 의사가 할 수 있는 일은 그저 묻고 듣고 환자가 이끄는 대로 따라가는 것이다. 한번은 노신사가 구급차에 실려 왔다. 그 환자의 침대 끝에 걸린 차트에는 의료 종사자들이 시간과 공간을 아끼려고 흔히 구사하는 반쪽짜리 문장이 적혀 있었다. '구급차에 실려 옴. 딸의 말은 더 혼란스러움.'

노신사가 누워 있는 침대 옆으로 가 나를 소개하고 엉뚱한 질문을 했다. "병원에는 어떻게 오셨나요?" 노신사는 이런 멍청이는 처음 본다는 표정으로 나를 쳐다보며 대답했다. "글쎄, 구급차를 타고 왔소." 그 대답을 듣고도 아무 교훈을 얻지 못한 나는 또다시 "왜 구급차를 부르셨죠?"라고 묻고 말았다. 노신사는 또다시 내 어리석은 질문에 좌절하며 "구급차는 내가 부른 게 아니오. 딸이 부른 거지"라고 대답했다. 나는 또다시 미끼를 덥석 물었다. "따님은 왜 구급차를 부르셨나요?" 노신사는 정말로 좌절하면서 대답했다. "나는 모르오. 딸한테 물어보시오."

환자에게 질문하고 귀를 기울이는 기술이 아주 중요하다고 주장한 위대한 내과 의사 윌리엄 오슬러 경은 의사와 환자는 충분히 소통해야 한다고 했다. 그렇지 않으면 알아내야 할 것을 제대로 알아낼 수 없다고 했다. 한 사람의 건강 관리법을 탐색하는 일은 상황이 좋을 때도 어려울 수 있다. 그 방식은 아주 복잡하고, 병 자체도 복잡하며, 치료 방법도 까다로울 수 있다. 더구나 우리는 모두 시간에 쫓긴다. 환자가 어떤 식으로 건강을 관리하는지를 알려면, 병원과 진료실 너머의 삶까지 탐색하고, 공동체 구성원들은 서로의 건강 문제를 소통해야 한다. 건강에 도움이 되는 행동과 우리의 몸 상태를 표현할 수 있는 언어와 자신감을 개발한다면, 환자의 건강 관리를 둘러싼 몇 가지 비밀을 걷어낼 수 있다.

건강을 주제로 소통하기

여성의 심장병은 아주 큰 비밀이다. 10년쯤 전에 오스트레일리아 심장 재단은 심장 건강의 중요성을 알리려고 여자들에게 질문했다. '심장 질환이 자신과 밀접하게 관련된 문제라고 생각하는가?' 다시 말해 '심장 건강을 걱정할 필요가 있다고 생각하는가?'라는 간단한 질문을 한 것이다. 여성의 주요 사망 원인에 대한 경각심을 불어넣는 캠페인을 시작할 무렵에는 열 명 가운데 고작 두 명만이 자신이 심장 질환을 걱정할 필요가 있다고 대답했다. 이후 10년이 흘렀지만, 여자들은 아직도 심장을 중요하게 보살펴야 한다고 생각하지 않는다. 현재 오스트레일리아 여성 열 명 가운데 세 명만이 심장 질환을 걱정해야 할 문제라고 생각한다.

직장이나 사적인 자리에서 만나는 일상적인 상호작용 외에도 현대인들은 소셜 미디어와 소셜 네트워크로 이전보다 더 많은 사람과 교류한다. 고양이 영상이나 가족사진을 올리는 것 말고도 소셜 미디어에는 건강과 관련해 엄청난 일을 수행할 잠재력이 있다. 온라인 포럼의 장점 중 하나는 건강 정보를 배포하거나 같은 목적을 가진 사람들, 혹은 온라인 '코치'의 도움을 받아 건강을 증진할 수 있다는 점이다. 비슷한 목표를 가진 사람들이 함께 격려하고 정보를 나누며 체중을 함께 줄여나갈 수 있다. 과학자나 의사가 환자와 소통하는 공간도 만들 수 있다. #bcsm(유방암 소셜 미디어)과 #lcsm(폐암 소셜 미디어)은 환자와 의사가 동일한 목표를 위해 함께 노력하는 인터넷 공간이다.

인터넷이나 소셜 미디어를 이용해 건강을 관리하는 것은 같은 마음을 가진 사람들과 교류하면서 필요한 정보를 얻고 서로 격려하고 건강도 관리할 수 있는 유용한 방법이다. 동료들의 격려가 얼마나 유용한지를 알아보는 연구는 현재 진행 중이지만, 목표가 같은 사람들과 상호작용하면 건강한 행동을 하게 될 가능성이 커진다.

얼마 전 『내과 의학 연보 *Annals of Internal Medicine*』에 미국에서 진행한 연구(특히 당뇨를 집중적으로 살펴본) 결과가 실렸다. 건강에 관한 이야기를 하면 분명히 크게 도움이 된다는 것이다. 이 기사가 내 시선을 끈 이유는 당뇨는 심장 질환으로 고생하는 사람들에게 아주 중요한 문제이기 때문이다. 미국의 과학자들은 당뇨에 가장 취약한 사람들(아프리카계 미국인들)을 중점적으로 연구했다. 아프리카계 미국인들은 당뇨를 관리하지 않는 사람이 많았고, 심장 질환이나 콩팥 질환처럼 당뇨 관련 합병증을 경험한 사람은 더 많았다.

미국 과학자들은 당뇨 환자들이 금전적인 보상을 받을 때와 같은 처지인 사람들의 격려와 도움을 받을 때, 어느 쪽이 더 건강에 이로운지를 살펴보았다. 과학자들은 당뇨를 관리하려고 고군분투하는 사람들에게 당뇨를 성공적으로 관리하는 사람들을 소개했다. 비슷한 처지에 있는 사람과 교류하는 사람들은 혈당을 목표치만큼 낮추었을 때 돈을 받는 사람들보다 혈당 수치가 더 많이 개선되었다. 이 연구는 대화하고 우정을 쌓는 일이 건강 문제를 해결하는 데 커다란 도움이 된다는 사실을 보여주는 멋진 사례다.

동료들의 지원이 중요하다는 것을 보여주는 또 한 가지 사례는 의사와 환자에 관한 글을 쓰는 외과 전문의 폴린 첸 박사가 『뉴욕타임스』에 기고한 글에 나와 있다. 첸 박사는 간 이식 수술을 기다리는 신사를 소개했다. 신사는 늦지 않게 간 이식을 할 수 있을지, 수술을 감당할 수 있을지, 육체적으로 정신적으로 문제가 생기지 않을지 걱정했다. 첸 박사는 이렇게 썼다. "절박했던 환자는 간 이식을 받은 사람들과 이야기를 나누었다고 했다. 환자는 '괜찮을 거라고 믿게 되었습니다. 의사분들이 내 질문에 답을 해주었지만, 나에게 정말로 필요한 건 이미 이식받은 사람들의 경험을 듣는 일이었습니다'라고 했다."

내가 일하는 병원에서 좌심실보조장치를 장착하고 이식 수술을 기다리는 환자들은 심장 재활 체육관에서 몸 상태를 점검받아야 한다. 이식을 기다리는 동안 더 강해지고 건강해지려고 체육관으로 내려가는 환자들은 보통 사람보다 더 열심히 운동한다. 체육관에서 얻을 수 있는 이득은 그 외에도 또 있다. 환자들은 함께 운동하고 이야기를 나누고 서로에게 힘이 되어준다. 체육관에서 환자들이 서로를 도와주는 모습을 보면, 그 독특한 모임에서 함께 나누는 지식과 우정이 의료진의 말보다 훨씬 중요하다는 사실을 분명하게 확인할 수 있다.

이야기를 나누는 형태는 소셜 미디어 모임, 병원 재활 체육관, 심장 재단에서 활용하는 교육 캠페인처럼 다양하지만, 변하지 않는 것은 '지식이 곧 힘'이라는 사실이다. 심장에 관한 논의를 의사들의 닫힌 진료실 문밖으로, 누군가의 '부서진 심장'에 관해 속삭이는 소리를 세상 밖으로 끌어내면, 소중한 우리의 심장을 돌보는 방법을 호기심을 가지고 진지하게 대할 수 있다.

빌 이야기

어느 목요일 오후에 했던 수술 이야기를 하려고 한다. 심장병 전문의 한 명이 수술실 문을 열더니 나에게 심혈관 조영실로 당장 가라고 했다. 다른 말은 하지 않았다. 그건 보통 환자의 심박이 정지했으니 환자를 구하려면 인공 심폐기를 연결해야 한다는 뜻이다. 수술실에 있던 사람들 모두 응급 상황이 발생했음을 알았다.

나는 복도를 달려 심혈관 조영실로 갔다. 그곳에는 예순 살밖에 되지 않은 빌이 있었다. 빌은 응급실에서 심장이 멎었다. 그날 아침에 빌은 가슴 통증을 느꼈지만 그대로 출근했고, 직장에서 훨씬 더 통증이 심해지자 두려운 나머지 구급차를 불렀다. 내가 심혈관 조영실에 도착했을 때, 빌의 심장은 30분 이상 멈춘 상태였고, 심장을 압박하고 폐에 공기를 불어 넣는 튜브에 의지해 간신히 살아 있었다. 심장이 다시 뛸 기미가 조금도 보이지 않아 우리는 강한 조치를 해야 했다.

우리는 빌의 사타구니에 있는 혈관으로 재빨리 커다란 관 두 개를 밀어 넣었다. 혈액이 인공 심폐기의 관을 채우자 인공 심폐기는 손상된 심장이 해야 할 일을 넘겨받았다. 빌은 안정을 되찾았지만,

여전히 심각한 상태였다. 심장 초음파 결과는 심각했다. 심장은 움직이지 않았고, 맥박은 위험할 정도로 불안했다. 십여 명이 넘는 의료진이 문제를 해결하려고 분주하게 움직였다.

심장 전문의들이 빌의 관상동맥으로 염료를 주입하자 모니터에 어디가 문제인지 나타났다. 심각한 심장마비가 온 빌의 심장이 크게 손상되어 있었다. 심장 전문의들이 작은 스텐트로 막힌 혈관을 열어 관상동맥으로 혈액을 흘려보내자 빌의 심장은 훨씬 안정적으로 뛰기 시작했다.

빌이 집중치료실로 돌아간 뒤에, 혼비백산했던 빌의 가족들은 여러 의사에게 빌에게 어떤 일이 일어났고 앞으로 어떤 일이 기다리고 있는지 이야기를 들었다. 빌의 딸은 울면서 말했다. "내가 늘 말했어요. 제발 담배 좀 끊고 병원에 가라고요. 벌써 몇 주 전에요." 빌은 몇 주 전부터 가슴이 '살살' 아프다고 했고, 그의 딸은 아버지가 병원에 가서 검사를 받았으면 했다. 하지만 빌은 병원에 가지 않았고, 아주 급하게 우리를 만나야 했다. (다행히 빌은 느리지만 꾸준히 회복했다. 결국 금연에 성공했고.)

신중하게 살펴보기: 증상과 증상 묘사하는 법

가슴이 살짝 아프다면 어떻게 해야 할까? 무시해도 되는 증상이 있을까? 심장 질환은 아주 은밀하게 우리를 찾아오지만, 두 눈을 부릅뜨고 살펴봐야 할 증상들이 있다. 다음의 증상이 있다면 심장에 문제가 있을 수 있으니 검사해보기를 권한다.

- 가슴 통증: 가장 많이 신경을 쓰고 주시해야 하는 전형적인 증상이다. 가슴 통증을 묘사하며 "코끼리가 가슴 위에 앉아 있는 느낌"이라고 한 남자 환자가 있다. 가슴 한가운데 통증이 느껴진다는 것은, 운동하면 다리 근육에 산소가 모자란 것처럼 심장 근육이 산소를 제대로 얻지 못하고 있다는 신호다. 일반적으로 가슴 통증은 심장이 훨씬 많은 일을 했을 때(예를 들어, 계단을 오를 때) 나타난다. 가슴 통증은 등, 목, 팔처럼 다른 곳으로 퍼져나가기도 한다. 특히 여성의 경우 가슴 통증은 특이하고 기이한 형태로 와서 턱이나 등에서 통증이 시작될 수도 있다.
- 호흡 곤란: 온종일 마라톤을 한 사람처럼 숨이 거칠다. 심장이 아플 때는 아픈 부위가 관상동맥인지 판막인지에 상관없이, 몸이 필요로 하는 만큼 일을 해내지 못한다. 호흡 곤란은 천천히 올 수 있지만 호흡하는 방식이 달라졌다면 분명히 의사를 찾아가야 한다.

  호흡이 거칠어지는 증상, 특히 누워 있을 때도 숨을 제대로 쉬지 못하는 증상은 또 다른 문제를 의미하는 신호일 수 있다. 심장이 아프면 심장에 있어야 할 체액이 폐로 들어가기 때문에 누워 있어도 숨을 제대로 쉬지 못하고 기침을 한다.
- 붓기: 심장이 펌프질하지 못하면 발목까지 압력이 쌓여 발목이 눈에 띄게 붓는다. 흔히 발목이 부으면 온종일 서 있어서 생긴 부종이라고 생각하지만, 너무 자주 붓는다면 상담을 받아야 한다.
- 두근거림: 심장 박동이 불편할 정도로 강하게 느껴진다면, 특히 심장이 너무 빨리 뛴다거나 불규칙하게 뛰고 있음이 계속해서 느껴진다면, 병원을 찾아야 한다는 신호다. 심장 박동을 느끼며 기분이 이상해

진다거나 숨이 가빠진다면 반드시 병원에 가야 한다. 심장 박동이 느껴진다면 손가락을 손목의 요골에 대고 맥박을 측정해보자. 빠르게 뛰지만 규칙적인지, 불규칙적인지 확인하자. 심장이 불규칙적으로 뛸 때 의사를 찾아가면 심박 측정 장치로 몸 상태를 살펴보고 진단을 내릴 수 있다.

- 불안: 왜인지 모르지만 불안한 기분이 드는 것도 충분히 검사받을 이유가 된다. 몸이 좋지 않을 때는 그저 직감으로 그 사실을 알 수도 있다. 약한 통증이 느껴지거나 온종일 피곤하다면 의사에게 상담받는 것이 좋다. 불안과 걱정의 감정일 뿐이라고 해도 의사와 상담하면서 부정적 감정을 해소할 수 있으니 그것만으로 좋은 일이다.

심장 건강검진 방법

심장 건강검진은 기본적으로 의사나 경험 많은 간호사가 개인의 심장 질환 발병 가능 정도를 알아보려고 대략 살펴보는 것이다. 보통 심장 상태를 이야기하는 것으로 시작해, 증상을 살펴보고, 가족력과 심장을 위해 (혹은 심장에 무리를 주는) 어떤 행동을 하는지 물어본다. 흡연이나 체중 감소 문제를 걱정한다면, 그 문제를 상의해볼 좋은 기회다.

심장 건강 검진의 육체적 부분은 몸무게를 살펴보는 것으로 시작한다. 체질량 지수는 건강을 측정하는 정확한 도구는 아니라는 사실을 앞서 살펴보았다. 허리와 엉덩이 비율을 비교하는 방법은 유용하다. 또한 혈압을 측정하고 혈당을 임의 추출해 검사한다. 마지막으로 혈중 지질(지방) 수치를 재는 일도 중요하다. 혈중 지질 농도는 밥을 먹은 뒤에 ('저지방' 식사를 해도) 높아질 수 있으므로 보통 금식한 뒤에 측정한다.

그렇다면 누가 심장 건강검진을 받아야 할까? 대부분의 연구 결과와 심장 전문가들의 의견에 따르면, 45세가 넘은 모든 사람이 받아야 한다. 그들의 주장에는 근거가 있다. 사람들은 누구나 자기 혈압을 알고 있어야 한다. 경구 피임약을 복용하는 여자들은 대부분 처방전을 재발급받을 때 매년 혈압 검사를 받는다.

오스트레일리아에서는 뇌졸중 주간에 무작위로 혈압을 검사한다. 놀랍게도 남성의 30퍼센트, 여성의 26퍼센트에게서 고혈압이 발견되었다. 고혈압 검사는 1분밖에 걸리지 않는다. 고혈압은 대부분 증상이 없으므로, 고혈압을 알아낼 방법은 소매를 걷고 검사를 받는 것뿐이다.

심장 건강검진을 받아야 하는 또 다른 집단은 이제 막 어머니가 된 여성들이다. 특히 임신 기간 고혈압이나 임신성 당뇨가 있었던 사람은 심장 건강을 점검하는 일이 중요하다. 그들은 당뇨, 고혈압, 심장 질환 발병 가능성이 훨씬 크다. 아기가 건강검진을 받을 때마다 엄마도 함께 받는 것이 좋다.

마지막으로 증상이 전혀 없는 사람들을 위한 선별 검사도 있다. 심장 질환이 발병할 소인이 높고 몇 가지 증상도 있다면, 45세가 되기 전에 의사를 만나 검사받아야 할 이 세상의 모든 이유를 소유한 것이다.

건강하고 별다른 신체적 이상이 없는 사람이 심장에 문제가 있을지도 모른다는 사실을 밝혀낼 마법같은 검사는 없다. 표준 위험 평가에 따르면 심전도electrocardiogram, ECG, 심장 초음파, 전산화 단층촬영 computerised tomography, CT 관상동맥 혈관 조영술 검사는 건강해 보이는 사람에게는 거의 효과가 없다. 이 검사들의 가장 큰 문제는 심장 질환을 아주 초기에는 발견하지 못한다는 것이다. 더구나 CT 검사는 잘못된 결과로 환자가 방심하게 하거나, 방사선에 노출되게 한다거나, X선 염료 알레르기를 일으킬 수도 있다.

중요한 것은 예방이다

심장마비가 오기 일주일 전에 의사를 찾아가라며 아버지를 재촉한 빌의 딸처럼, 우리는 심장 질환이 발병하기 전에 예방하거나, 최소한으로 고생하기를 바란다. 심장에 관해 알고자 하는 생각의 기저에는 심장을 건강한 상태로 유지하고 싶다는 바람이 있다. 어쩔 수 없이 심장에 문제가 있다고 해도 심장마비 같은 훨씬 심각한 문제가 생기기 전에 고치고 싶다는 소망이 있는 것이다.

예방하려면 알아야 한다. 심장에 관한 새로운 지식으로 무장하고, 대화를 시작하자. 사람들에게 심장이 얼마나 놀라운 존재인지, 어떻게 해야 심장을 돌볼 수 있는지 말해주자. 의사에게 당신이 정말로 심장 건강을 신경쓰고 있으며, 건강한 상태를 유지하고 싶다고 말하자. 자신에게 지금 가치 있는 노력을 하고 있다고 말하자.

의사에게 의견을 정확하게 전달하자

그 누구도 자신의 지식을 과소평가해서는 안 된다. 몇 년 전만 해도 환자의 지식은 적절하지 않은 것으로 평가되곤 했다. 의사와 환자의 관계는 의사가 이끌고 환자는 따라가는 관계였다. 환자는 그저 이끄는 대로 끌려가는 존재였다. 환자는 전적으로 의사의 말에 따라야 했고, 의사와 환자의 관계는 부모 자식 관계와 비슷했다. 나에게 해부학을 가르쳐준 나이가 아주 많았던 외과 의사 한 분은 자신이 처음 의사로 일했을 때는 자신의 말이 곧 복음이고 절대 진리로 간주되었다고 했다.

다행히 상황은 변했다. 우리는 그저 질병과 싸우는 것이 아니고, '그들(환자)'과 '우리(의사)'라는 구분도 더는 존재하지 않는다. 이제 치료는 환자 중심으로 바뀌고 있다. 의사의 판단을 무시하거나 환자를 무시하는 것이 아니라, 함께 협력하는 관계를 만들어가고 있다. 우리는 질병과 싸우는 것이 아니다. 우리는 우연히 병을 얻은 환자들을 돕는 사람들이다.

의사를 만나거나 병원을 찾는 일은 보통 일이 아니다. 누구나 그렇다. 왠지 당혹스럽고, 바보가 된 것 같고, 다른 사람의 시간을 낭비하고 싶지 않다는 마음이 들 수 있다. 별일도 아닌데 괜히 병원에 왔다는 두려움도 느낄 수 있다. 어쩌면 그런 경험을 이미 했을 수도 있다. 너무 걱정스러워 병원에 왔지만 온갖 전문 용어와 검사, 우왕좌왕하는 검진에 오히려 걱정만 늘 수도 있다.

건강 문제에서는 어쩌면 경험이 가장 소중하다. 몸에 나타나는 증상과 당신이 느끼는 걱정은 그 어떤 검사보다 당신의 상태를 가장 잘 알려준다. 그 증상들이 당신을 얼마나 두렵게 만드는지를 비롯해 모든 이야기를 우리에게 사심 없이 들려주기 바란다. 당신이 들려주는 이야기는 진단을 내릴 때 도움을 줄 퍼즐 조각이 되고, 당신의 두려움을 없애 불안을 덜어줄 것이다. 더 많은 이야기를 나눌수록 정확한 진단에 필요한 정보를 더 많이 얻을 수 있다.

환자와 의사의 대화는 상호작용하는 과정이다. 의사도 환자의 말에 귀 기울이고 많은 정보를 제공해야 한다. 의사로서 내가 할 일은 환자가 이해할 수 있도록 심장 상태를 설명하고, 환자에게 질문할 기회를 주고, 가능한 한 성실하게 그 질문에 답하는 것이다. 질문에 답할 지식이 없다면 환자를 위해 그 답을 찾아야 한다. 환자에게는 아플 시간이 없음을 이해하고, 퇴원했을 때 환자의 삶이 계속될 수 있도록 계획하는 일을 돕는 것도 내가 할 일이다.

상대방이 내 말에 귀 기울이지 않으면 어떤 기분이 들까? 많은 사람에게 그런 상황은 정말로 큰 문제다. 나도 의사 앞에 앉았을 때, 그 의사가 내 말을 한마디도 듣고 있지 않다고 느낀 적이 있다. 기분이 정말 좋지 않았다. 내가 너무나 작아진 것 같았고 좌절했고 걱정스러웠다. 무엇보다 우리가 무언가 중요한 것을 놓치고 있다고 생각했다.

자기 생각과 기분을 정확히 전달하려면 어떻게 해야 할까? 내 몸과 건강을 위해 목소리를 높이자. 무엇을 걱정하고, 왜 걱정하고 있는지를 말하고, 의사가 설명하는 말에 귀 기울이자. 살다 보면 가끔은 타인이 옆에 있어주는 것만으로 도움이 되는데, 특히 심장처럼 심각한 문제는 타인이 도움이 될 때가 있다. 걱정될 때는 자신이 들은 말의 절반만을 기억할 수 있다(그 정도가 최대치다). 그러니 다른 사람의 말을 들을 때는 적는 것이 좋다. 나는 기억해야 할 내용을 적는 걸 아주 좋아하는데, 내 환자가 내가 하는 말을 적고 있다면, 그것은 우리가 서로의 이야기를 제대로 받아들이고 있다는 뜻이다.

건강 상태를 점검하는 일은 누구나 힘들다. 신뢰할 만한 의사를 찾아 자신의 심장 상태를 이야기하자. 당신의 심장을 건강하게 유지할 가장 좋은 방법은 협력하는 것이다. 당신의 심장이 필요로 하는 일을 소리 높여 말하고 알고 싶은 것을 물어보자. 심장을 소중하게 여기는 마음에 지나침은 없다.

13장

심장의 여정: 어디에서 와서 어디로 가는가

지붕은 화창한 날에 고쳐야 한다!

미국 전 대통령
존 F. 케네디

심장과 심장을 다루는 사람들의 이야기는 정말로 굉장하다. 활용 가능한 기술, 환자의 용기, 연구자들의 독창성이 있다 해도 명심할 것은 여전히 가장 중요한 치료법은 예방이라는 것이다. 전 세계적으로 심장 질환 발병률은 꾸준히 증가하고 있다. 아주 뛰어나고 영리한 사람들이 아픈 심장을 구제할 방법을 찾기 위해 애쓰고 있다.

심장 수술의 역사가 고작 60여 년밖에 되지 않았다는 사실이 믿기지 않을 것이다. 하지만 현대 의학의 다른 기술들 역시 별반 다르지 않다. 거의 매일 질병과 싸울 새로운 도구가 나왔다는 경이로운 소식을 듣는다. 시작한 지 얼마 되지 않았지만, 심장을 연구하는 과학과 치료하는 의학은 빠른 속도로 발전하고 있다.

모든 것이 시작된 곳

20세기 중반까지만 해도 심장은 수술하는 장기가 아니었다. 그전까지 심장에 할 수 있는 일은 환자가 죽기 전에 가능한 한 빨리 심장에 생긴 상처를 꿰매는 것뿐이었다. 심장 질환을 가지고 태어났거나 심장 질환이 생긴 많은 사람은 그저 죽어야 했고, 의사들에게는 그런 환자를 살릴 기술도 방법도 없었다.

의사들이 환자를 살리려고 노력하지 않은 것은 아니다. 조직에 산소를 공급하지 못해 파랗게 변한 아이들의 심장에 뚫린 구멍을 막으려고 시도한 것은 심장을 치료하고자 했던 의사들의 초기 노력 가운데 하나다. 초기 심장외과 의사들은 환자의 가슴을 열고, 심장에 뚫린 구멍을 손가락으로 누르고, 재빨리 심장을 꿰맸다. 많은 환자가 이 수술을 하는 동안 세상을 떠났다.

1950년대 말에서 1960년대에 이르러 미네소타의 심장외과 의사들이 지금까지 심장을 고치는 데 사용하는 기본적인 방법들을 고안했다. 이 의사들은 제일 먼저 혈액 교차순환cross-circulation 기술을 사용했다. 사랑과 이타주의를 기반에 둔 이 기술에서는 부모가 아기의 인공 심폐기 역할을 한다. 아기와 관으로 연결된 부모 덕분에 수술받는 동안 아기는 생존할 수 있다. 지금까지 교차순환 기술을 이용한 심장 수술은 잠재적 사망률이 200퍼센트에 이르는 몇 안 되는 수술 가운데 하나로 남아 있다.

교차순환 기술이 심장 치료의 중심부에 있을 때 미네소타, 필라델피아, 보스턴의 외과 의사들은 최초로 인공 심폐기를 만들려고 노력했다. 그들이 만든 거대한 인공 심폐기는 환자의 혈액을 뽑아

내 산소를 더한 뒤에 다시 환자에게 돌려보냈다. 그와 동시에 외과 의사들은 심장을 멈추게 했다가 다시 뛰게 하는 기술을 개발했다. 이 기술 덕분에 심장외과 의사들은 마침내 혈액이 흐르지 않고 고요하게 정지한 심장을 수술할 수 있었고, 환자는 치유될 기회를 얻었다. 10년 뒤, 남아프리카공화국 케이프타운에 있는 그루트 슈어 병원의 외과 의사 크리스티안 바너드가 루이스 워시칸스키에게 최초로 심장이식을 했다.

1960년대 말부터 심장 수술 횟수가 폭발적으로 증가했다. 의학적으로 죽을 수밖에 없었던 질병이 치료할 수 있는 질병으로 바뀐 것이다. 그렇게 생명을 구하고 삶을 개선했다. 이 모든 일이 불과 50년 전에 일어났다는 사실이 놀랍다. 많은 선배 의사가 자신이 십 대일 때는 심장외과 의사라는 직업이 존재하지 않았다고 말한다. 지난 50년 동안 우리가 심장을 치료하는 방법은 여러 측면에서 성장했고, 계속해서 성장하고 있다.

수련의로 심장 수술을 처음 접했을 때, 수술실에서 일어나는 모든 일이 경이로웠다. 그중에서 특히 내 관심을 끈 것은 심장이식이다. 한 사람의 심장을 떼어내 다른 심장으로 대체한다는 사실은 끝없이 매혹적이었다.

수련의가 되고 몇 주 동안, 심실보조장치에 의지해 살아가던 환자 두 명이 심장이식을 받았다(이 이야기는 앞에 실었다). 한 환자는 심장에 연결한 관을 배에 뚫은 구멍으로 빼내 인공심장에 연결해 살고 있었다. 환자의 심장 역할을 하는 인공 펌프는 압축된 공기가 지나갈 때마다 쉭 하고 큰 소리를 냈다. 심장이식을 받은 뒤에 그 환자는 끊임없이 들리던 콘솔의 소음이 그립다고 했다.

"그 소리를 들을 때마다 내가 살아 있다는 걸 알았으니까요."

10년이라는 비교적 짧은 기간에도 심장외과 분야에서 우리가 심장을 보살피는 방법은 끊임없이 바뀌고 있다. 우리는 매일 더 많은 것을 배우고, 이전에는 해결하지 못한 문제들에 도전한다. 현재 심장은 스스로 치유하는 일에 그다지 능숙하지 않아서 손상된 부위는 끝까지 치유가 안 될 수도 있다. 심장이 스스로 완벽하게 치유되게 한다는 것은 이룰 수 없는 먼 꿈이었지만, 이제는 가능하리라는 희망이 생기고 있다. '과연 그 꿈을 이룰 수 있을까'가 아니라 '언제 이룰 수 있을까'의 문제로 바뀌고 있다.

미래를 볼 수 있다면, 심장의 미래는 어떤 모습일까? 심장이식은 과거의 일이 될까? 약을 먹거나 예방 주사를 맞는 것으로 심장 질환을 치료할 수 있을까? '설탕세' 정책을 공중 보건 분야에 도입해 담배 규제만큼의 효력을 발휘하게 될까? 아니면 허리둘레는 계속 증가하고 심장 질환 환자는 걷잡을 수 없이 늘어날까?

줄기세포와 지브라피시

2001년에 영국 심장재단이 지브라피시를 이용한 심장 치료를 시도했다. 지브라피시라니, 조금 이상하게 들릴지도 모르겠다. 얼핏 보기에 우리는 아름다운 열대어하고는 완전히 다른 존재처럼 보인다. 하지만 눈에 보이는 것보다 두 생물 종은 공통점이 많을 뿐 아니라, 심지어 인간은 지브라피시의 능력을 갖기를 간절하게 원한다. 바로 손상된 심장을 재생하는 능력 말이다.

사람의 심장은 너무나도 민감해서 심장 세포에 되돌릴 수 없는 손상이 생기면 세포는 죽고 만다. 심장 세포가 죽는다는 것은 세포가 다시 자라지도 재생되지도 않는다는 뜻이다. 나는 손상된 심장 세포를 많이 봤는데, 대부분은 심장마비 환자의 세포였다. 심각하게 손상된 심장에는 단단하게 굳어진 흰색 상흔이 남는다. 피부가 깊게 베이면 흉터가 남는 것처럼 심장에도 흉터가 남는다.

흉터로 생기는 가장 큰 문제는 흉터가 심장의 펌프 작용에 전혀 기여하지 않는다는 것이다. 한번 생긴 흉터는 계속 남는다. 시간이 지나거나 약을 먹는다고 해도 한번 다친 심장 근육은 다시는 건강해지지 않는다. 손상된 근육은 계속 손상된 채로 남는다. 사람은 재주 좋은 손과 커다란 뇌를 갖는 방향으로 진화했다. 사교 생활을 하고 농사를 짓고 두 발로 걷는 생물로 진화했다. 하지만 한 가지 잊고 개발하지 않은 능력이 있다. 손상된 심장을 치유하는 능력이다.

지브라피시와 사람은 상당히 많은 DNA를 공유한다. 사실 두 생물 종에는 아주 비슷한 유전자도 여러 개 있다. 많은 과학자가 지브라피시가 손상된 심장을 재생하고 수선하는 데 사용하는 유전자 스위치를 사람의 몸에서도 켜보려고 시도하고 있다. 아직 심장을 수선하는 유전자의 스위치를 제대로 켠 사람은 없다. 심장이 손상됐을 때 우리 몸에서 작동하는 수선 기제는 상처에 반창고를 붙이는 수준에 불과하다. 그런 처리 방법은 어느 정도 문제를 완화하지만 새로운 조직을 만드는 것만큼 좋을 수는 없다.

우리 몸의 다른 부분은 그렇지 않다. 장 내벽은 재생되고 혈액 세포는 한 달에 한 번 이상 완전히 새로 만들어진다. 세포가 새로 재생되는 이유는 전구 세포들이 성숙하기 때문이다. 혈구의 전구 세포는 수많은 호르몬에 노출되어야만 최종 형태로 성장한다.

줄기세포는 수많은 질병과 상처를 치료하는 능력이 있어 언론에 자주 소개된다. 줄기세포는 아직 피부 세포나 심장 세포와 같이 전문 영역이 있는 세포로 분화되지 않은 독특한 세포로, 신체 모든 부위에 정착해 어떠한 세포로도 분화될 능력이 있다. 줄기세포는 (보통은 호르몬인) 신호를 받아야만 최종 형태로 성장하거나 성숙한다. 줄기세포는 두 종류인데, 배아줄기세포와 성체줄기세포다.

배아줄기세포는 보통 시험관 아기 시술을 하는 병원에서 허락을 받고 수정란이 몇 차례 분열해 생성되는 배반포에서 추출한다. 배아줄기세포는 실제로 텅 빈 도화지 같아서 사실상 몸을 구성하는 그 어떤 세포도 될 수 있다. 하지만 배아줄기세포는 구하기 힘들고, 강한 법적 규제를 받으며, 윤리적으로 문제될 수 있다.

성체줄기세포는 모든 사람에게 있다. 가장 잘 알려진 성체줄기세포는 골수에 있지만, 사실 줄기세포는 신체 모든 곳에 조금씩 있다. 골수나 장처럼 계속해서 성장하고 바뀌는 조직을 제외하면 우리 몸에 있는 줄기세포는 대부분 평생 휴면 상태에서 벗어나지 않는다.

줄기세포 연구에서 이룩한 흥미로운 성취 가운데 하나는 과학자들이 인류의 진화 시간을 되돌려 줄기세포를 다시 성장하게 하는 방법을 찾아냈다는 것이다. 과학자들이 만들어낸 유도만능줄기세포 induced pluripotent stem cells에는 본질적으로 거의 모든 신체 조직으로 분화할 능력이 있다. 유도만능줄기세포는 환자의 피부 세포를 몇 밀리미터 떼어내 만들기 때문에, 유도만능줄기세포에는 줄기세포가 필요한 환자의 유전자와 동일한 유전자가 있다.

떼어낸 피부 세포로 유도만능줄기세포를 만들어 다시 심장 근육세포로 분화하게 하면, 환자의 몸에 이미 존재하는 세포와 유전적으로 동일한 심장 근육세포를 만들 수 있다. 심장 근육세포는 아픈 심장을 고치는 데 사용하거나 가까운 미래에 사용할 수 있도록 보관할 수 있다.

줄기세포 분야는 유도만능줄기세포가 발견되기 전까지 성장 속도가 아주 느렸다. 줄기세포를 심장 질환 치료에 사용할 수 있는지를 알아보는 연구들은 다양한 결과를 산출했다. 줄기세포가 제대로 작동하지 않기 때문이 아니라 줄기세포를 배양하고 목표 지점으로 옮긴 뒤에 성공적으로 '안착'시키고 길러내, 마침내 제 기능을 하게 만들기까지 넘어야 할 어려운 과제들이 아주 많기 때문이다.

심장 질환 치료에 줄기세포를 사용할 때 해결해야 할 가장 어려운 과제는, 심장에 이식한 세포가 살아남아 성장하게 하는 일이다. 이스라엘의 한 연구팀이 의학 학술지 『순환계』에 게재한 연구에 따르면, 심장의 줄기세포는 손상된 심장이 줄기세포의 활동을 유도할 때, 오히려 염증을 일으키고 펌프 기능을 저하시킨다.

줄기세포 연구는 진행 중이지만, 곧 새롭고 건강한 세포를 이식해 아픈 심장을 고칠 수 있을 거라 생각한다. 지금까지의 연구 결과들은 고무적이고, 머지않은 미래에 지브라피시의 마법을 일부 빌려 손상된 심장을 다시 자라게 하고 재생시킬 수 있을지도 모른다.

완벽한 새로운 심장 만들기

1990년대에 등에 사람의 귀처럼 생긴 조직이 자란 실험실 생쥐의 사진이 전 세계를 돌자 사람들은 극과 극의 반응을 보였다. 사람들은 그 사진에 끔찍하다는 반응을 보이거나 열광했다. 사람의 귀를 달고 있는 생쥐의 모습이 나는 조금 충격이었지만, 굉장하다고 생각한 것도 사실이다. 생쥐의 몸에 그런 조직을 만들 수 있다는 것은 필요하다면 자기 세포로 만든 손가락이나 귀를 기존의 손가락이나 귀와 바꿔 달 수 있다는 뜻이니까. 귀를 바꾸어 다는 능력은 인생을 바꿀 수도 있지만, 새로운 기관을 바꾸어 다는 능력은 생명을 구할 수도 있다. 해마다 많은 사람이 장기 이식 수술을 기다리다 세상을 떠난다. 미국의 경우 장기를 기증하는 사람 한 명당 기증받아야 할 사람은 22명 정도다. 운이 좋아 새로운 장기라는 소중한 선물을 받았다고 해도 장기 이식을 받은 뒤부터는 죽을 때까지 면역력을 억제하는 약을 먹으면서, 잔뜩 경계 태세를 취하고 있는 면역 세포를 피해 도망 다녀야 한다. 장기 이식을 받은 사람이 오랫동안 건강하게 살려면 자기 몸을 속여 자기 몸이 새로 이식한 기관을 내버려두게 만들어야 한다.

장기 부족과 면역력 저하라는 두 가지 문제를 한꺼번에 해결하려면 어떻게 해야 할까? 기증받기를 기다리기보다는 아예 만들어버리는 것이 낫지 않을까? 그것을 자기 자신의 세포로 만드는 건 어떨까? 자신의 세포로 심장을 만든다면 면역계를 속이느라 고생할 필요도 없을 테니 말이다.

무슨 공상과학소설 이야기냐고? 하지만 그런 일은 머지않아 실현

될 수도 있다. 2017년에 매사추세츠주의 한 미국인이 시금치 잎 위에 심장 세포를 배양하는 데 성공했다. 맞다. 정말 이상한 이야기라는 데 동의한다. 그 미국인이 사용한 방법은 요리법 같아서 차근차근 살펴볼 필요가 있다. 장담하지만, 시금치 잎이 아주 중요한 역할을 할 것이다.

요리법을 살펴볼 때는 늘 그렇듯이, 먼저 살펴보아야 하는 것은 재료다. 바로 여기에서 줄기세포가 등장한다. 우선 심장 근육세포로 성장하고 분화하라고 가르칠 줄기세포를 만들어야(모아야) 한다. 이 줄기세포들은 계속해서 성장할 수 있는데, 단 질서정연하게 성장해야 한다. 줄기세포들이 심장 근육세포로 성장하려면 세포들을 받쳐줄 비계가 필요한데, 여기서 시금치 잎이 등장한다.

시금치 잎을 높이 들어 빛에 비춰보면 빛이 관통하는 가느다란 관을 볼 수 있는데, 우리 몸속에도 그런 관이 있다. 심장 근육세포를 시금치 잎 위에 올려놓으면 심장 세포들은 천연 비계를 따라 성장한다. 심장 세포들은 시금치 잎의 잎맥 형태대로 안내받고 제약을 받으며 성장한다. 플라스틱 같은 다른 비계를 사용해 기관이나 조직을 배양할 수도 있다.

심장 근육세포를 배양할 때 시금치가 하는 중요한 기능은 또 있다. 시금치 잎은 심장의 혈관 역할을 한다. 심장의 내부 혈관은 너무나 미세해서 실험실에서 재현하기 어렵다. 심장이 살아 있게 지탱하는 내부 혈관의 굵기는 약 10마이크론(0.1밀리미터)밖에 되지 않는다. 미약한 시금치 잎이 현대 과학이 쉽게 풀지 못했던 어려움을 해결한 것인지도 모르겠다.

내가 심장에 매혹된 가장 큰 이유 가운데 하나는 심장 근육세포가 뛰는 방식이다. 심장 근육세포의 박동은 정말로 단순하다. 심장 근육세포는 자기들끼리, 혹은 심장 안에서 아무 도움 없이, 생명을 유지하는 데 필요한 산소, 포도당, 지방산을 공급받으면 자연이 의도한 일을 정확하게 해낸다. 바로 규칙적으로 수축하는 것이다.

물론 식물의 잎 같은 비계 위에서 심장 세포를 만들고 배양하고 규칙적으로 수축하게 하는 일과 완벽한 심장을 만들어내는 일은 전적으로 다르다. 무엇보다 심장은 그저 근육 덩어리가 아니라 혈관이나 판막, 심장의 전기 활동을 담당하는 수많은 세포가 제각기 맡은 일을 해야 하는 복잡한 기관이다. 심장을 만들려면 세포를 만들고 성장시켜야 할 뿐 아니라 정확한 수만큼 한데 섞어 정확한 형태를 이루며 자라도록 유도해야 한다.

그런 일이 가능할까? 이제는 정말로 공상과학소설의 세계로 들어온 것만 같다. 하지만 실제로는 그렇게 허황된 이야기는 아니다. 함께 조화롭게 뛸 수 있는 심장 세포를 배양했다는 사실은 이미 커다란 장애를 극복했다는 뜻이다. 적어도 심장 근육이나 판막 같은 심장의 부분은 이제 거의 만들 수 있다. 전 세계 연구소와 병원에서는 아픈 심장을 고치는 능력을 우리가 생각하는 것보다 훨씬 빨리 획득할 수도 있다.

그게 무슨 뜻일까? 심장에서 손상된 부분을 대체할 수 있다는 것은 전체적으로 심장의 기능을 재건할 수도 있다는 뜻이다. 심장 기능이 정상으로 돌아오면 심장만 회복되는 것이 아니라 한 사람의 생명도 살릴 수 있다. 심장이식이 필요할 때도 죽어가는 사람이 아니라 실험실에서 배양한 심장을 이식할 수 있다는 뜻이다. 실험실에서 배양한 심장은 기증자와 수령자가 같을 수 있으니 면역계를 억제하려고 애쓸 필요가 없다.

심장 질환을 예방하는 '주사'

콜레스테롤은 관리하기 어렵다. 많은 사람이 다이어트로 체중을 줄이거나 콜레스테롤 수치를 낮추려고 시도하지만, 여러 이유로 어렵다는 것을 경험으로 알고 있다. 약을 먹어 콜레스테롤 수치를 낮추는 방법도 있지만, 약의 부작용이 있을 수 있다. 더구나 매일 약을 잊지 않고 먹는 능력이 모든 사람에게 있는 것도 아니다.

2017년 초에 하버드대학교와 펜실베이니아대학교 연구팀은 흥미로운 연구 결과를 발표했다. 심장 질환을 예방하는 백신을 발견한 것이다. 본질적으로 두 대학교에서 진행한 연구는 주사 한 방으로 쥐에게서 나쁜 콜레스테롤 수치를 영원히 낮추는 방법을 찾는 것이었다.

심장마비 발병 비율이 높은 가족들의 몸에는 'PCSK9'라는 유전자가 주로 존재하는데, 이 유전자는 나쁜 콜레스테롤을 조절하는 역할을 맡는 것으로 알려져 있다. PCSK9 유전자는 나쁜 콜레스테롤이 혈관에서 빠져나가 혈관이나 심장을 손상시키지 않는 곳에 안전하게 쌓이는 과정을 막는다. 두 대학교 연구팀이 만든 '백신'은 PCSK9 유전자에 작용해 나쁜 콜레스테롤을 혈관에 잡아두지 못하게 한다. 정확하게 말하면 '백신'은 아니지만, 두 대학교에서 쥐에게 주입한 물질은 백신처럼 작용해 엄청난 보호 효과를 발휘했다. 이 물질을 생쥐에게 주입하자 콜레스테롤 수치가 크게 줄었다. 이 결과를 사람에게 대입하면 심장마비 발병 가능성을 90퍼센트가량 줄어든다고 해석할 수 있다. 새로운 약이 사람의 몸에서 안전하고 효과적으로 작용하리라 확신하려면 더 많은 검사와 연구를 진행해야 한다. 그렇더라도 아주 고무적인 발견임은 분명하다.

지금도 계속 새로운 약품을 연구하고 개발하고 있다. 또한 약은 저마다 다양한 방식으로 사람들에게 영향을 미친다는 사실도 알아가고 있다. 누군가에게는 아주 효과적인, 생명을 구하는 약이라고 해도 다른 사람들에게는 듣지 않을 뿐 아니라 부작용을 낳을 수도 있다. 아스피린이 바로 그런 약이다. 아스피린은 심장이 아픈 많은 사람에게 생명을 구해주는 약이지만, 아스피린을 먹어도 심장마비를 피하지 못하는 사람도 있다.

특수하게 분화되어 엄청난 효과를 낼 수 있는 약을 만들 수 있을까? 이에 대한 전망은 밝은 편이다. 과학계는 유전자 검사처럼 실험실에서 진행한 검사 결과를 기반에 두고 개인별 맞춤 약을 만드는 방법을 개발하고, 의사들은 바로 앞에 앉은 사람에게 꼭 맞는 약을 처방할 수 있을지 모른다.

당뇨와 비만의 확산

어렸을 때 전 세계의 배고픈 아이들에 관한 소식이 들려오곤 했다. 텔레비전 화면에 나오는 머나먼 나라의 아이들은 가난한 공동체에서 풍선처럼 부풀어 오른 배를 하고 굶고 있었다. 그때 아프리카의 여러 나라에서는 당뇨나 비만 같은 질병을 사실상 들어보지 못했을 것이다. 너무 많이 먹어서 일찍 세상을 떠나는 서방 국가 사람들과 달리 이 세상에서 가장 가난한 나라에 사는 사람들은 생명을 유지하는 데 필요한 음식을 충분히 살 수도 만들 수도 없었다.

지금도 세상에는 제대로 먹지 못하고 영양이 부족해 고통받는 사람들이 있지만, 전 세계적으로 질병의 양상은 크게 바뀌었다. 이제는 먹지 못해 생긴 병보다 과도하게 먹어 생긴 병이 더 흔하다. 주로 서방 국가에서만 발병했던 병들이 이제는 아프리카, 남아메리카, 아시아 대륙의 가난한 나라에서도 발생하고 있다. 세계보건기구는 비만을 우리 시대가 풀어야 하는 가장 심각한 건강 문제 가운데 하나로 지정했다.

1980년에 세계보건기구는 전 세계에서 당뇨로 고생하는 사람이 1억 800만 명이라고 발표했다. 지금은 최소 4억 2200만 명이 당뇨로 고생하고 있다. 당뇨인 사람은 뇌졸중이나 심장마비 발병률이 두 배 내지 세 배 정도 높다. 1980년부터 지금까지 과체중이거나 비만인 성인의 수도 두 배 이상 많아졌다. 이제는 과체중이 문제인 나라의 사람들이 영양 부족이 중요한 문제인 나라의 사람들보다 더 많은 문제를 안고 있다.

부유한 서방 세계의 상황은 한쪽으로 치우친 것처럼 보인다. 나는 의대에서 당뇨에 대해 배웠다. 췌장에 문제가 생겨 인슐린을 충분히 생산하지 못하는 제1형 당뇨는 대부분 아동과 청소년에게 나타난다. 활동을 거의 하지 않고 식습관이 나빠서 발병하는 제2형 당뇨는 인슐린은 제대로 분비되지만, 조직이 인슐린에 반응하지 않아 혈액에 들어 있는 포도당을 흡수하지 못한다. 제2형 당뇨는 주로 과체중에 나이가 많은 성인의 질병이다.

의대를 졸업한 뒤로 상황은 바뀌었다. 이제는 아이들의 당뇨도 생활 습관이 나쁜 어른처럼 몸이 반응하는 제2형 당뇨로 바뀌고 있다. 동시에 전 세계적으로 당뇨와 비만, 고혈압으로 고생하는 사람들의 수는 계속 증가하고 있다. 이런 상황이 심장에게 전하는 소식은 나쁜 소식뿐이다.

급격하게 증가하는 당뇨와 비만을 빨리 해결하지 못한다면 결국 심장 질환과 심장 질환의 사촌인 뇌졸중이 폭발적으로 증가할 것이다. 심장의 미래가 좋거나 나쁘거나 험악한 방향 중에 하나로 나아간다면, 험악한 방향으로 가고 있음이 분명하다. 그래서일까. 건강한 음식을 먹고 육체 활동을 더 많이 해 모두가 자신을 돌봐야 한다는 주장이 여기저기서 나오고 있다.

건강한 사회

한 가지 건강 문제가(행복부터 경제에 이르기까지 모든 면에서) 우리 사회 전체에 중요해지면, 국가는 그 문제를 해결하려고 공중 보건 조치를 시행한다. 예방 접종과 흡연 캠페인이 대표적인 공중 보건 조치다. 건강 관리 체계에 엄청난 부담을 주고 전 세계적으로 수많은 사람의 목숨을 앗아가거나 장애를 갖게 하는 소아마비나 천연두를 비롯한 수십 가지 질병을 통제하고 근절하려는 목적으로, 많은 사람이 백신을 접종한다.

흡연 관리도 상당히 성공한 공중 보건 캠페인이다. 이 책을 1950년대나 1960년대에 썼다면, 독자들이 좋아하고 건강에도 좋은 담배 이야기를 이 책에 담았을 것이다. 다행히 우리는 발전했고, 의사들은 담배를 옹호하는 대신 흡연에 맹렬하게 맞서 싸우고 있다. 흡연율이 감소하면서 심장 질환과 폐암 같은 여러 암의 발병률도 크게 감소했다.

전 세계적으로 건강과 심장의 행복을 위협하는 비만과 당뇨가 급격하게 증가하면서 끊임없이 공중 보건 조치를 논의하고 있다. 공원이나 운동 시설을 만들고 신선한 과일과 채소에는 세금을 부과하지 않는 긍정적인 조치부터 설탕과 담배, 자동차 사용량에 세금을 부과하는 억제책까지 말이다. 이제는 모든 나라의 정부가 파도처럼 밀려오는 질병을 막으려면 할 수 있는 모든 일을 해야 한다. 줄기세포와 시금치 잎이 우리의 미래일 수도 있지만, 예방은 훨씬 더 좋은 약이다.

손목 위의 의사

고백할 게 있다. 나는 기계 중독자다. 어쩔 수 없다. 광고를 보면 내가 최신 기계 없이는 도저히 살 수 없다는 사실을 깨닫게 된다. 가장 최근에 산 기계는 사야 할 이유가 분명히 있었다. 그 기계는 내 심장이 건강한지, 건강하지 않은지를 말해줄 수 있다고 했다.

애플워치는 많은 애플 제품이 그렇듯이 요란한 선전을 하면서 등장했다. 애플워치를 사야 하는 많은 이유 중 하나는 바로 수면 패턴을 측정하거나 운동하게 만들어준다는 건강 관련 앱을 장착하고 있기 때문이다. 애플워치는 우리가 얼마나 활동했는지를 측정해 보여주는 알림 기능과 추적 장치를 달고 있다. 사실 애플워치는 우리 건강을 지켜준다고 주장하는 수많은 웨어러블 장비 가운데 하나일 뿐이다.

애플워치에 장착된 특별한 앱을 사용하면 온종일 심장 박동수와 심장 리듬 정보를 알 수 있다. 심방세동(심장 박동에 문제가 생기는 흔한 질병으로 증상이 없다가 갑자기 심각한 결과를 낼 수 있다)은 이런 장비가 해결하고자 하는 문제 가운데 하나다. 심방세동은 혈액 공급을 차단해 뇌졸중을 일으킬 수 있다. 애플워치에 장착된 앱은 심장이 제대로 뛰지 않는 순간을 파악해, 착용자가 의사를 찾아가야 한다는 경고도 해줄지 모른다.

아주 기본적인 감지 장치일 뿐이지만 애플워치 같은 장비가 나오기 전까지는 이런 식으로 심장에 문제가 있다는 징후를 발견할 방법이 없었다. 더 많은 앱이 나오고 몸에 장착해 활용할 수 있는 기술이 더 많아지면, 조기에 심장 질환 징후를 감지해 치료하고 더 심각한 질병으로 발전하는 과정을 차단할 수 있을지 모른다.

집 안이나 손목 위에서 심장 상태를 측정해 의료 전문가에게 전송하는 것은 지금도 구현 가능하다. 몇 년 전부터 심장 질환을 앓고 있는 사람들은 심박 조율기 같은 의료기기로 집에서 심장 상태를 점검한다. 그러나 예방 차원에서 심장 상태를 점검하는 일은 또 다른 일이다. 심박 조율기는 보통 쇄골 밑에 삽입하는 일종의 건전지로, 심장에 꽂은 전극으로 전기 자극을 가해 심장이 안정된 속도로 뛰게 한다. 심박 조율기도 심장 수술을 가장 먼저 한 병원에서 개발했다. 그때는 수술실에서 병실로 환자를 옮긴다는 것은 말 그대로 복도를 달리면서 콘센트가 있는 곳마다 멈춰 서서 전원을 꽂아야 한다는 뜻이었다. 현재 환자의 몸에 이식하는 심박 조율기는 아주 작고 최대 10년까지 작동한다. 최신 심박 조율기는 '무선'이고, 집에 있는 변환기로 심박 조율기의 상태와 환자의 심장이 뛰는 상태를 점검해 그 정보를 환자의 병원으로 보낸다.

우리의 모든 삶을 손목 위에, 주머니 안에 가지고 다닐 수 있는 것이 자연스러운 문명의 발전인 것처럼, 심박 조율기는 그저 우리가 지금 사용하는 놀라운 기술의 한 가지 사례로 여겨질 수도 있다. 하지만 누구나 말하듯이 '지식은 곧 힘'인데, 심장 건강에 관해서는 정말로 그렇다고 할 수 있다. 문제를 조기에 발견하는 능력, 심지어 환자가 증상을 느끼기 전에 문제를 감지하는 능력은 강력한 힘을 발휘한다. 병의 증상이 너무 늦게 나타나기를 바라는 사람은 없다. 조기에 문제가 있음을 알려주는 애플워치처럼 끝없이 출시되는 기계들이 우리의 생명을 구하고, 우리의 심장을 건강하게 만들어줄 수도 있다.

구글 박사 시대의 의학

과학의 불확실성은 단점이 아니라 장점이다. 모든 것을 알지 못하는 상황은 지식의 결핍이라기보다는 더 많은 것을 알아내야 하는 시점이 되었음을 의미한다. 심지어 최고의 성과를 낸 연구를 확장해 더 많은 질문을 만들고, 더 많은 것을 알아내는 과정을 반복하게 한다. 나는 우리가 결코 질문을 멈추지 않는다는 사실을, 결코 배움을 멈추지 않는다는 사실을 사랑한다. 세상에는 발견해야 할 일이 너무나 많고, 새로운 실험을 할 때마다 새로운 질문이 생겨나고, 우리는 계속해서 더 나은 답을 찾는다. 불확실성을 두려워하지 말자. 오히려 앞으로 배울 내용을 기대하며 신이 나야 한다. 새롭고 중요한 정보를 습득해 업무에 활용하는 것이야말로, 내가 어려운 분야에서 열심히 연구하는 놀라운 사람들에게 고마움을 표하는 아주 멋진 방법이라고 생각한다.

의대에서 공부할 때는 이미 너무 많은 정보가 있어서, 앞으로 새로운 내용을 더 발견할 거라는 생각은 미친 생각 같았다. 하지만 이후로 놀라운 발견들이 있었고, 지금도 발견은 계속되고 있다. 과학은 멋지고 계속해서 발전한다. 새로운 사실을 알게 될 때마다 인생을 놀랍도록 향상시키는 변화가 생겼다. 우리의 몸에 관해, 질병에 관해, 더 넓어진 세상에 관해 더 많은 것을 배워나가는 시간은 정말로 흥미롭다.

지식은 힘이다. 그보다 더 중요한 것은 지식을 해석하고 평가하는 방법을 아는 것이다. 그것이야말로 강력한 힘을 갖게 한다. 과학은 과정이라는 사실을 이해하고, 그 과정을 평가하는 방법을 알아야 수없이 쏟아지는 건강 관련 정보를 제대로 파악하는 멋진 도구를 갖게 된다. 과학이 하는 말이 무엇인지, 어째서 정보들이 바뀌는지를 이해해야 심장을 건강하게 만들고, 삶을 행복하게 할 중요한 요소들을 인생에 통합할 수 있다.

인터넷은 수많은 사람이 자신들의 소리를 다른 사람에게 전달할 수 있는 기반을 제공한다. 인터넷은 우리가 배우고 가르치는 방법을 획기적으로 바꾸었다. 이제는 자기 목소리를 내기 위해 학위를 획득하거나 공인받을 필요가 없다. 인터넷에 접속하면 실시간으로 정보를 주고받을 수 있다. 학위나 특별한 자격증 없이 온라인에서 정보를 퍼트리는 일은 그 자체로는 아무 문제 없지만, 한 가지 사안을 제대로 알지 못하는 사람에게서 틀린 정보를 얻게 될 위험도 크다. 소셜 미디어가 때로 해로운 관행을 널리 퍼트리는 사례는 힘들게 찾지 않아도 흔히 볼 수 있다.

오늘날 정보는 어디에나 있다. 심지어 휴대폰으로도 정보를 확인할 수 있다. 쏟아지는 정보는 우리에게 쉽게 지식을 가져다주지만, 손쉽게 얻는 정보 중에는 좋은 정보만큼이나 나쁜 정보도 많다. 지금 받은 정보가 소셜 미디어에서만 퍼지고 있는 정보인지, 믿을 만한 출처가 있는 정보인지를 판단해야 한다. 소셜 미디어에 노출된 정보는 제한적이다. 인터넷에서 건강 관련 조언을 찾았다면 다음 질문을 해야 한다. 이런 정보를 말해주는 사람은 누구인가? 어떤 자격을 갖고 있으며, 어떤 경험을 했고, 소속된 곳은 어디인가? 특정 조직을 위해 쓴 글이라면 그곳이 어떤 조직인지를 자세히 알아봐야 한다. 조직 홈페이지에는 대부분 조직 소개란이 있다.

의료계에 종사하는 사람들은 수년 동안 연구 결과를 정확히 읽고 해석하는 법, 가치 있는 정보와 쓸모없는 정보를 구별하는 법을 배운다. 무슨 뜻인지 도무지 알 수 없는 논문에는 수많은 비밀이 숨어 있다. 그 논문을 읽을 때 독자가 의사든 치료를 받는 사람이든, 모든 정보의 출처를 밝히는 일이 중요하다.

평판이 좋은 뉴스는 출처를 밝힌다. 해당 정보가 좋은 정보인지를 평가하려면 애초에 어떤 정보인지를 알아야 하므로 출처를 밝히는 일은 정말로 중요하다. '하버드헬스'나 'WebMD' 등 신뢰할 만한 건강 관련 단체의 홈페이지에서는 출처를 확인할 수 있도록 링크를 걸어둔다.

호기심을 가지고, 변화하는 정보와 과학을 해석하고 받아들이자. 정보에 의문을 품고 평이 좋은 출처를 찾아 조언을 구하자. 당신의 심장이 실제로 얼마나 멋진지를 알게 되면, 당신은 분명히 심장을 더 사랑하게 될 거라 확신한다.

예방은 언제나 치료보다 유용하다

심장에 관한 연구에서 예방은 정말로 흥미로운 영역이다. 아픈 심장을 고치는 일도 중요하지만, 처음부터 심장이 아프지 않게 하는 것이, 좋은 인공심장이나 효과적인 약을 얻는 것보다 몇 배 더 이롭다. 심장을 치료하는 약과 수술은 정말로 놀라운 성과를 내지만, 자신의 진짜 심장만큼 좋지는 않다.

내 직업의 가장 비통한 부분은 너무나 나빠져서 고칠 수 없는 심장과 몸을 가진 사람을 만나야 한다는 것이다. "죄송하지만 우리가 도울 방법은 없습니다"라고 말하는 것은 정말로 너무나도 괴롭다. 너무나 아파서 수술해도 살아남지 못하는 환자도 있다. 병이 너무 심각해 수술 자체를 못 하는 환자도 있다. 심장 질환 때문에 콩팥 같은 다른 기관이 크게 손상된 환자들은 수술이 몸에 큰 스트레스를 주고, 행복한 삶을 살 만큼 충분히 회복될 가능성이 없을 수도 있다. 이런 이야기들은 정말로 하기 힘들다.

'하루에 사과를 한 개씩 먹으면 의사를 멀리할 수 있다'는 말은 예방의 미덕을 극찬한 표현이다. 심장을 치료하는 방법이 흥미진진할 정도로 발전했으니 예방이 중요하다는 사실을 명심하기는 쉽지 않다. 예방이 그렇게 중요하다면, 심장 질환을 치료하는 분야에서 이룩한 놀라운 발전들이 모두 쓸데없는 일이라는 것일까? 치료법은 모두 잊고 누구나 운동하고 잘 먹게 하는 데 힘써야 할까? 아니, 그렇지는 않다. 바른 생활을 하고, 좋은 유전자를 받았고, 위험 요소와 완화 장치가 적절하게 조화를 이루고 있다고 해도 여전히 심장 질환을 앓는 사람들은 있을 것이다. 우리가 예측할 수 있는 미래에도 사람들은 여전히 담배를 피우고 몸무게가 많이 나가고 당뇨에 걸릴 것이다.

나는 의대 재학 시절을 기억한다. 그때는 질병과 싸운다는 것은 예방하는 것이 아니라 치료한다는 것을 의미했다. 그 이유가 정해진 시간 안에 해결해야 할 것이 너무 많았기 때문인지, 아니면 예방은 그저 '잘 먹어야 한다'는 것이 아닌 엄청나게 복잡한 요소를 담고 있기 때문인지는 모르겠다. 영양이나 운동 같은 요소를 다루는 예방 과학은 계속 발전하고 있다. 의사들은 질병과 싸우는 법을 배운다(그것이 의사들이 존재하는 이유니까). 하지만 예방은 마땅히 받아야 할 관심을 받지 못했다. 가끔은 우리가 산처럼 쌓인 질병 밑에 깔려 있어서 아무리 노력해도 질병을 예방할 자원을 찾는 일이 너무나 버겁게 느껴진다.

미국 정부가 보건 분야에 지출하는 비용 가운데 예방 의학에 사용하는 비용은 5퍼센트 미만이다. 정말로 적은 양이다. 우리가 음식 소비량을 하루에 100킬로칼로리만 낮추어도 비만 인구를 7100만 명까지 줄일 수 있다는 추정 결과도 있다. 7100만 명이라면 오스트레일리아 인구의 세 배에 해당한다. 이런 추정은 완벽하지 않지만, 상당히 작은 변화로도 전 세계에 큰 영향을 미칠 수 있다는 것은 분명하다.

예방은 논리적일 뿐 아니라 비용도 아낄 수 있다. 질병을 예방할 책임은 정부와 민간 부문, 개인 모두에 있다. 질병의 양상은 다양하다. 치료할 수 없는 질병도 있다. 조기에 발견하면 쉽게 치료할 수 있는 질병도 있다. 그리고 예방할 수 있는 질병도 있다. 예방 의학이 가야 할 길은 아주 멀다.

새로운 수술 기술이 발달하고 지금과는 다른 더 나은 검사 방법이 나올 미래의 의학을 생각하면 신이 난다. 손목을 쳐다보고 심장이 건강한지 아닌지를 알 수 있다면 무척 안심하지 않겠는가. 무엇보다 나를 신나게 하는 것은 예방 가능성이다. 수술실에서 나 같은 의사와 만나는 일이 절대로 없기를 바라며, 밀려드는 심장 질환의 위협을 차단하기로 마음먹고 자기 자신을 잘 돌보는 사람들이 늘어나리라 생각하면 기쁘기 그지없다.

예방과 줄기세포, 인공심장. 그 어떤 미래가 기다리고 있는지 몰라도 심장의 미래는 밝을 것이다. 예측할 수 없는 것은 얼마나 밝을 것인가일 뿐이다. 과학은 언제나 높이, 그리고 멀리 도약했다. 이제는 공공 정책이 동참해야 한다. 앞으로 10년 안에, 현재에는 아주 똑똑한 사람들의 마음속에도 떠오르지 않는 문제들을 공공연하게 이야기하는 시대가 올 것이다. 우리의 심장을 위해 투자하고, 우리 모두의 심장을 위한 연구에 투자하는 비용이 우리가 지출해야 하는 가장 멋진 공공 예산이라는 사실에는 의심의 여지가 없다.

찾아보기

옮긴이 **김소정**

대학교에서 생물학을 전공했고 과학과 역사를 좋아한다. 꾸준히 동네 분들과 독서 모임을 하고 있고, 번역계 후배들과 함께 번역을 공부하고 있다. 실수를 하고 좌절하고 배우고 또 실수를 하는 과정을 되풀이하고 있지만, 꾸준히 성장하는 사람이기를 바라며 되도록 오랫동안 번역을 하면서 살아가기를 바란다. 옮긴 책으로 『원더풀 사이언스』, 『휠체어 탄 소녀를 위한 동화는 없다』, 『여자, 뇌, 호르몬』, 『새들의 천재성』, 『비욘드 앵거』 등이 있다.

마음의 상처로 죽을 수도 있을까

초판 발행　2021년 5월 17일

지은이　니키 스탬프
옮긴이　김소정
펴낸이　김정순
편집　장준오 허영수 박은영
디자인　이강효
마케팅　이보민 양혜림 이다영

펴낸곳　(주)북하우스 퍼블리셔스
출판등록　1997년 9월 23일 제406-2003-055호
주소　04043 서울시 마포구 양화로 12길 16-9(서교동 북앤빌딩)
전자우편　henamu@hotmail.com
홈페이지　www.bookhouse.co.kr
전화번호　02-3144-3123
팩스　02-3144-3121

ISBN　979-11-6405-093-2　03470